ニュートン式
超図解
最強に面白い!!
プレミアム

対数

はじめに

10を何回くりかえしかけ算すると、１０００になるでしょうか？　答えは3回です。「対数」とはこのように、「同じ数のかけ算をくりかえす回数」です。対数は、高校の数学の授業で登場して、たくさんの高校生を苦しめているようです。

対数は、今から約４００年前の大航海時代に生まれました。ＧＰＳなどなかった当時、船の正確な位置を知るためには、膨大な計算が必要でした。また、天動説から地動説への転換がおきていた時代でもあり、天文学の研究でも、複雑な計算がされていました。

そこで、複雑な計算を簡単にする魔法の道具として、対数が生みだされたのです。そして対数は、コンピューターの発達した現代でも、便利で、なくてはならない存在です。

本書は、２０１９年7月に発売された、最強に面白い!!『対数』の、プレミアム版です。対数を理解するための指数から、指数と対数の計算法則、自然対数まで、対数をゼロから学べる1冊です。〝最強に〟面白い話題をたくさんそろえましたので、どなたでも楽しく読み進めることができます。対数の世界を、どうぞお楽しみください！

ニュートン式 超図解 最強に面白い!!

プレミアム

対数

第3章 指数と対数の計算法則

第5章 特別な数「e」を使う自然対数

第4章 計算尺と対数表を使って計算しよう!

00

対数って、何だろうか？

巨大な数を、あつかいやすい数で表現できる

対数とは、「同じ数のかけ算をくりかえす回数」のことです。たとえば、2を何回くりかえしかけ算すると、8になるでしょうか。答は3回です。この3が、対数です。この同じ数のかけ算をくりかえす回数、つまり対数は、いったい何の役に立つのでしょう。

対数は、大きく分けて三つの場面で役に立ちます。一つ目は、巨大な数をあつかうときです。対数を使うと、巨大な数をあつかいやすい数で表現できます。そのため対数は、水溶液の酸性やアルカリ性を示す「pH」や、地震の規模を示す「マグニチュード」などに使われています。

複雑な数の計算を、簡単に行える

二つ目は、複雑な数を計算するときです。対数を使うと、複雑な数の計算を簡単に行えます。そのため対数は、コンピューターのない時代の天体観測や、計算尺などに利用されました。**そして三つ目は、コンピューターを使うときです。**コンピューターのプログラムには、あつかえる数の桁数に上限があります。対数を使うと、巨大な数の桁数を減らすことができ、プログラムであつかえるようになるのです。

このように対数は、便利で、私たちの生活にとってなくてはならない存在です。次のページから、じっくりみていきましょう。

対数が使われているものの例

対数が使われているものの例として、pHとマグニチュードをえがきました。水素イオン濃度が10倍になると、pHは1小さくなります。地震のエネルギーが32倍になると、マグニチュードは1大きくなります。

A. pH

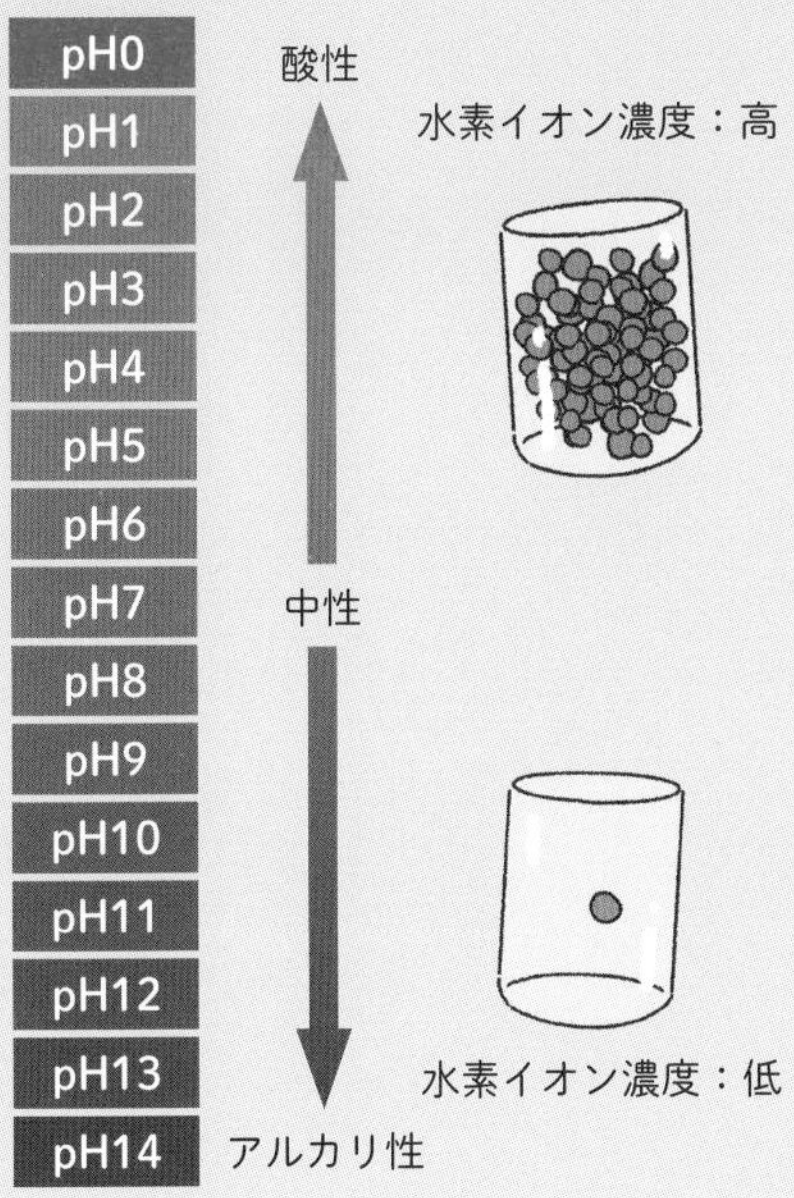

B. マグニチュード

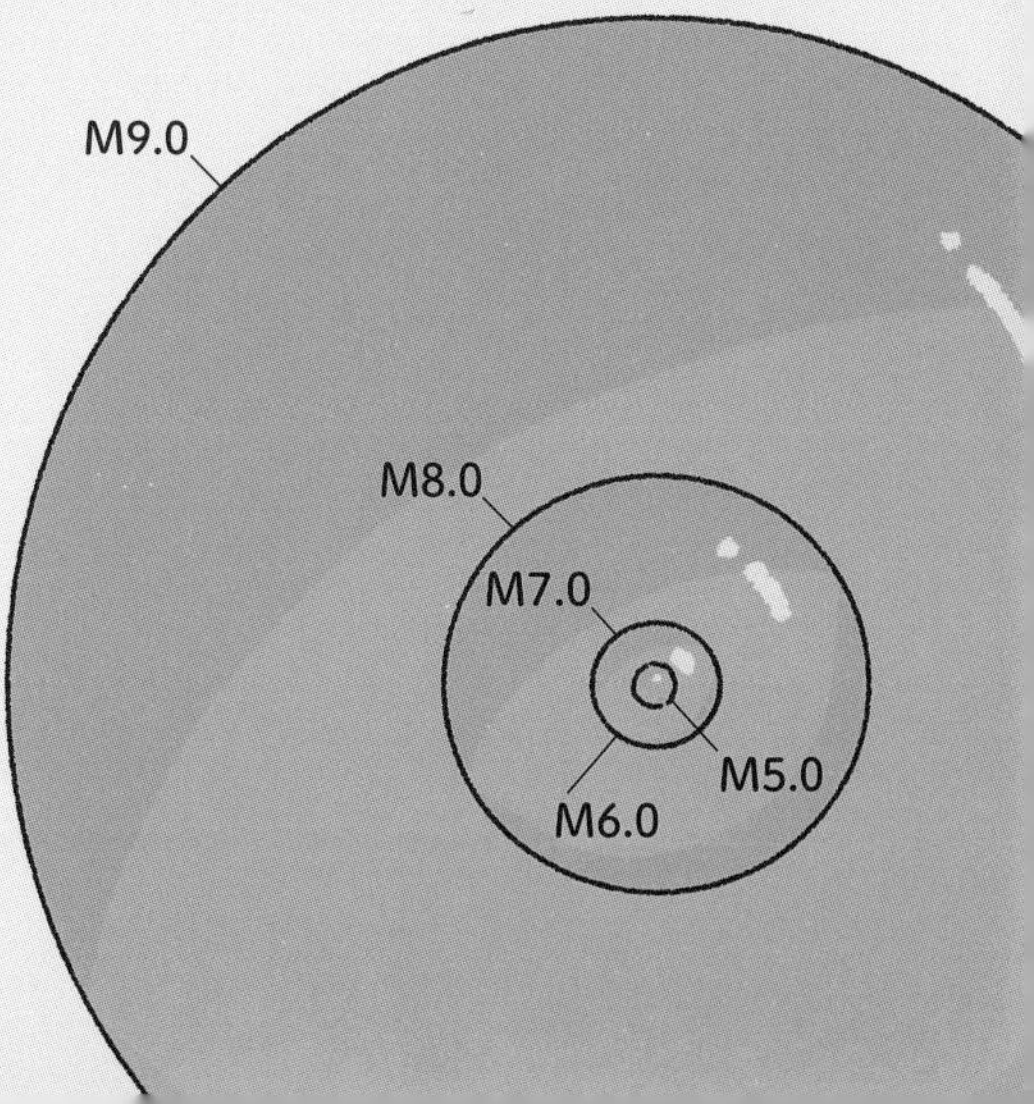

第1章

対数を理解するための指数

2を何回くりかえしかけ算すると、8になりますか？　答えは3回です。これが「対数」の考え方です。実は、対数とよく似た考え方に、「指数」があります。指数とは、「同じ数をくりかえしかけ算する回数」のことです。この指数について知っておくと、対数をより簡単に理解できます。まずは第1章で、指数の考え方を習得しましょう！

01

観測可能な宇宙の大きさは、8800000000000000000000000000メートル

大きな数を書きあらわすのに便利な「指数」

宇宙は、大きさが正確に分からないほど広大です。そのうち、私たちはどれくらいの大きさを観測することができるのでしょうか。観測可能な宇宙の大きさをメートル表記であらわすと、直径にして約8800000000000000000000000000メートルです。**このような非常に大きな数を書きあらわす場合には、しばしば「指数」が利用されます。指数とは「同じ数をくりかえしかけ算する回数」のことです。**本書のテーマである「対数」と指数は、密接な関係にあります。まずは、指数の性質をみることで、対数の話に入る準備運動をしておきましょう。

指数は、同じ数をくりかえしかけ算する回数

指数を使うと、たとえば観測可能な宇宙の大きさは、下の①と表現されます。ずいぶん簡潔な表記になったことがわかるでしょう。①は「8.8かける10の26乗メートル」と読み、8.8に10を26回かけた数という意味です。この場合の26のように、同じ数（ここでは10）をくりかえしかけ算する回数のことを「指数」とよびます。

①$8.8\times10^{26}$ メートル

大きな数を指数であらわす

約8800000000000000000000000000メートルは、ゼロがたくさんつづき、書きあらわすのはたいへんです。そこで指数を使うと、8.8×10^{26}メートルと簡潔にあらわせます。

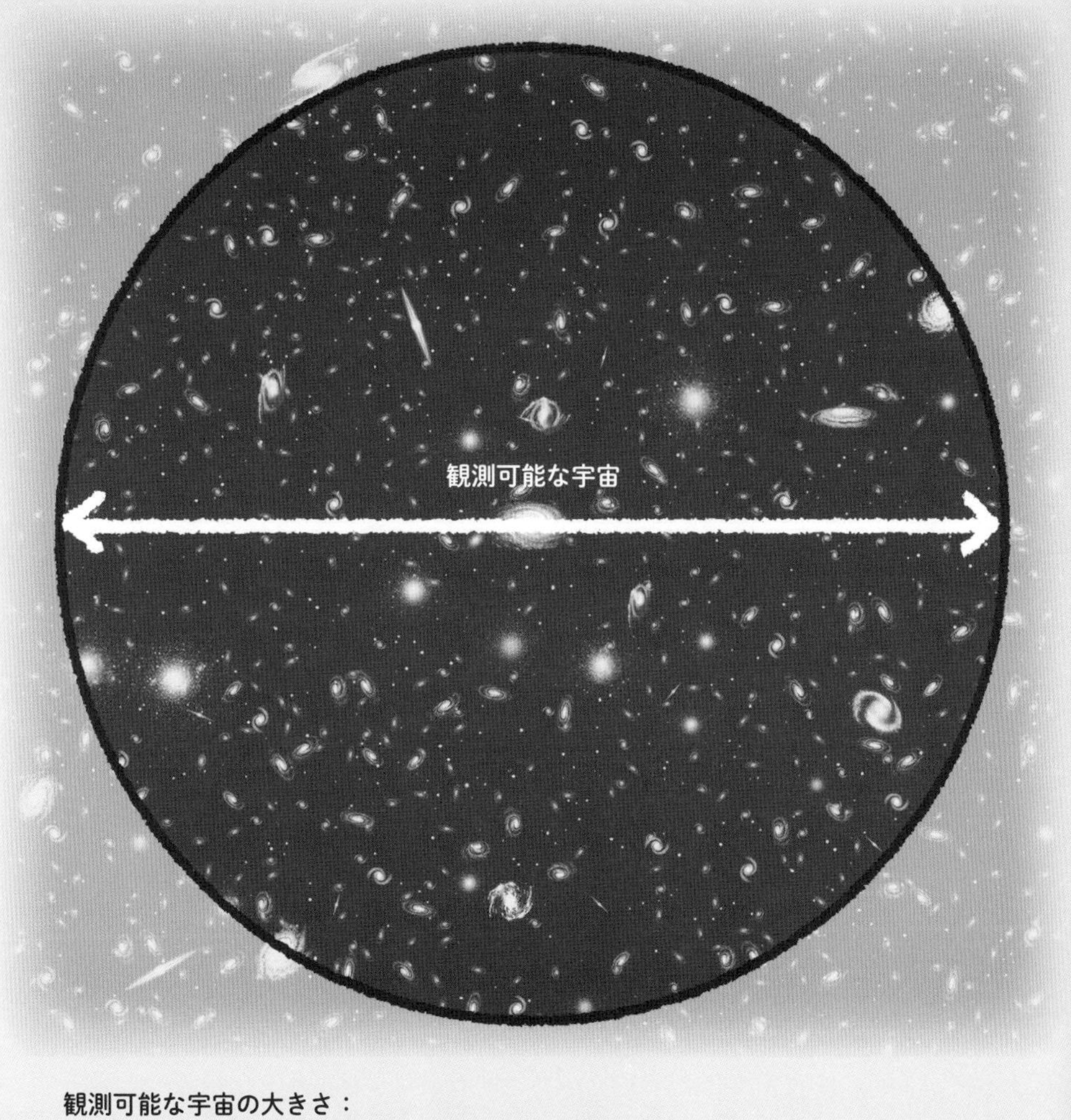

観測可能な宇宙の大きさ：
直径約8800000000000000000000000000メートル＝8.8×10^{26}メートル

02

原子核の大きさは、0.000000000000001メートル

極端に小さい数も指数であらわせる

指数は、極端に小さい数をあらわすのにも便利です。たとえば、自然界のあらゆる物質を構成する原子は、中央にきわめて小さな原子核をもっています。水素原子の原子核の大きさをメートル表記であらわすと、直径約0.000000000000001メートルです。この数を指数を使ってあらわすと、①となります。①は、「1.0かける10分の1の15乗メートル」と読み、1.0に$\frac{1}{10}$を15回くりかえしかけ算した数という意味です。

①$1.0 \times \left(\frac{1}{10}\right)^{15}$ メートル

マイナスの記号を使ってあらわす

1よりも小さな数をくりかえしかけ算する場合には、指数をマイナスの数であらわすこともできます。①は、マイナスの記号（－）を使って②とあらわせます（※1）。②は、「1.0かける10のマイナス15乗メートル」と読みます。このときの指数は-15です。

このように、非常に大きな数だけでなく、極端に小さな数も指数を使って簡潔にあらわすことができるのです。

②$1.0 \times 10^{-15}$ メートル

※1：マイナスの指数については、86～87ページでくわしく紹介します。

小さな数を指数であらわす

水素原子の原子核の大きさは、直径約0.000000000000001メートルです。0がいくつあるのか、数えるのがたいへんです。指数を使えば、1.0×10^{-15} メートルと簡潔にあらわせます。

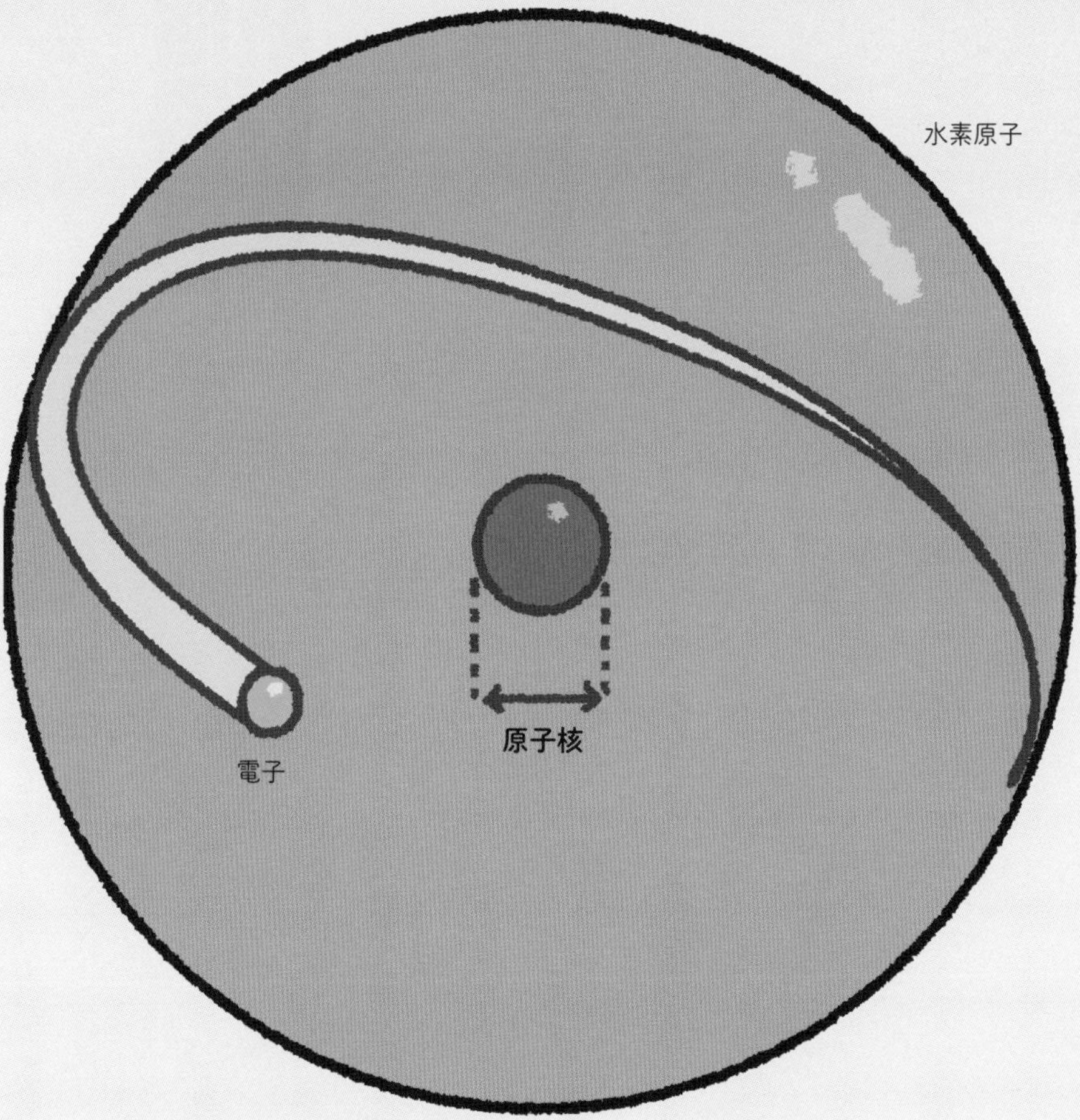

水素原子の原子核の大きさ：
直径約0.000000000000001メートル＝1.0×10^{-15}メートル

03

1粒の米が毎日倍になると、30日で536870912粒

30日で米俵200俵分

ここで、指数を使ったおもしろい話を紹介しましょう。

むかしむかし、ある知恵者がいました。殿様から、褒美の品の希望を問われた知恵者は、「初日は1粒、2日目は2粒、3日目は4粒、4日目は8粒というふうに、1粒からはじまって、30日間、前日の2倍の数の米粒をください」といいました。これを聞いた殿様は、「なんと謙虚な」と二つ返事で許可しました。しかし30日に近づくにつれ、とんでもないことを許可したことに気がつきました。**なんと、30日目（29日後）には5億3687万912粒の米をあたえることになったのです。**指数を使ってあらわすと下の①で、これは米俵にして約200俵分です。ちなみにそのわずか10日後には、5497億5581万3888粒（②、米俵にして20万俵あまり）に達します。

①$1 \times 2^{29}$粒

②$1 \times 2^{39}$粒

爆発力を秘めたくりかえしのかけ算

このように、指数を使って表現されるくりかえしのかけ算は、想像をこえる爆発力を秘めています。このくりかえしのかけ算こそが、指数や対数の本質です。

米粒は急激に増加する

毎日、前日の倍の数の米粒をもらうとすると、初日の1粒が、30日目（29日後）には5億粒をこえます。1俵を268万粒（60キログラム）とすると、200俵分になります。

04

音階は1・06倍のくりかえしでできている！

弦楽器の音の高さは、弦の長さで決まる

くりかえしのかけ算は、「ドレミファソラシド」のような「音階」にも登場します。弦楽器の弦の振動する部分の長さが、1・06倍のくりかえしになっているのです。

弦楽器の音の高さは、弦の長さによって決まります。**弦の長さが1・06倍になるごとに、音の高さが「半音」ずつ下がっていくのです。**たとえば、「シ」の音を半音下げたいときには、弦の長さをシの弦の1・06倍にし、さらにもう半音下げたいときには、シの弦の1・06の2乗倍（約1・12倍）にするというしくみです。

フレットの間隔は等間隔ではない

このことは、ギターを見ると確認できます。ギターには、「フレット」とよばれる部分があり、どのフレットを押さえるかによって、弦の振動する部分の長さがかわり、音の高さがかわります。**弦の根元から各フレットまでの長さは1・06倍きざみになっており、押さえるフレットを一つずつギターの先端に近づけるたびに弦の振動する部分の長さが1・06倍になり、音が半音低くなるのです。**1・06倍のくりかえしのかけ算であるため、フレットの間隔は等間隔になっていません。

ギターの音階

「くりかえしのかけ算」の例として、音階をあげました。ギターは弦の振動部分の長さを1.06倍にしていくことで、音階をつくっています。

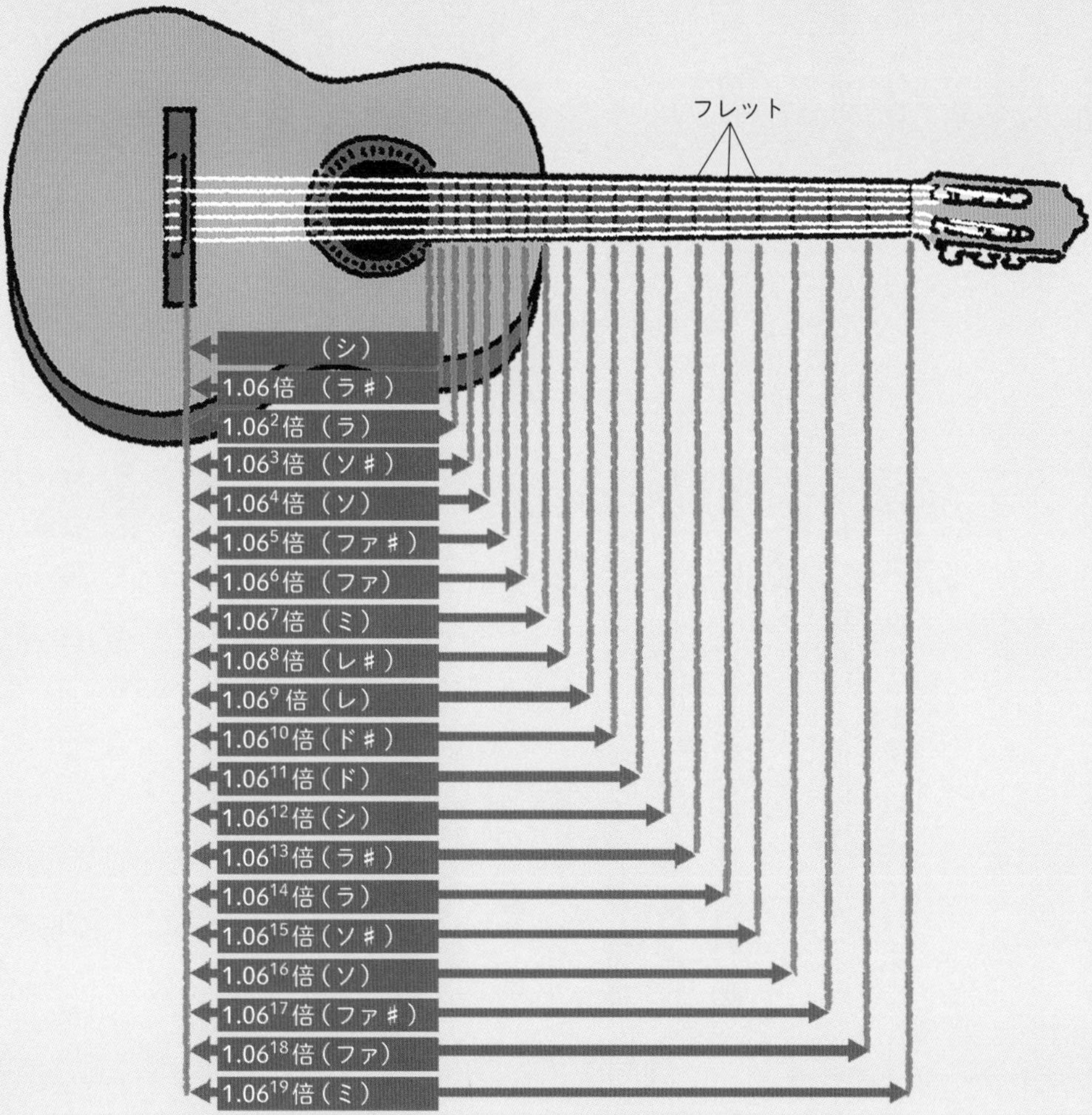

05

毎日1%成長したら、1年後にはマラソンも走れる！

初日の距離は、1・01キロメートル

マラソン大会に出場するために、ランニング練習を毎日することを考えてみましょう。現在のところ、走れる距離は1キロメートルだけです。そこで、毎日の練習は、前日よりも1%だけ長い距離を走れるようになるという目標を立てました。**この目標を1日も欠かさず達成した場合、1年後には何キロ走れるようになっているでしょうか。**

初日の距離は、1キロよりも1%長い1・01キロです。2日目の距離は、初日の距離よりも1%長いので、①です。

①$1.01 \times 1.01 = 1.01^2 = 1.0201$ キロ

数か月をこえるころから、急激にのびる

走れる距離が毎日1%しかのびないのでは、1年間つづけても、数キロ程度だと感じられるかもしれません。10日後の距離は、約1・1キロです。しかし、数か月をこえるころから、距離は急激にのびます。**6か月後は約6キロ、9か月後は約14・7キロ、そして1年後には、なんと約37・8キロ（②）走れるようになるのです。**

377日（1年と12日）後には、約42・6キロ走れるようになります。小さなのび率でも、それを毎日くりかえせば、マラソンを完走できるほどにまでなるのです。

②$1.01^{365} \fallingdotseq 37.8$ キロ

走力の向上をあらわす階段

走力の向上を、階段で比喩的にえがきました。階段1段の幅が1日の時間、階段1段の高さが前日の1％分だけ長くなった走れる距離です。階段の傾きは、どんどん急になっていきます。

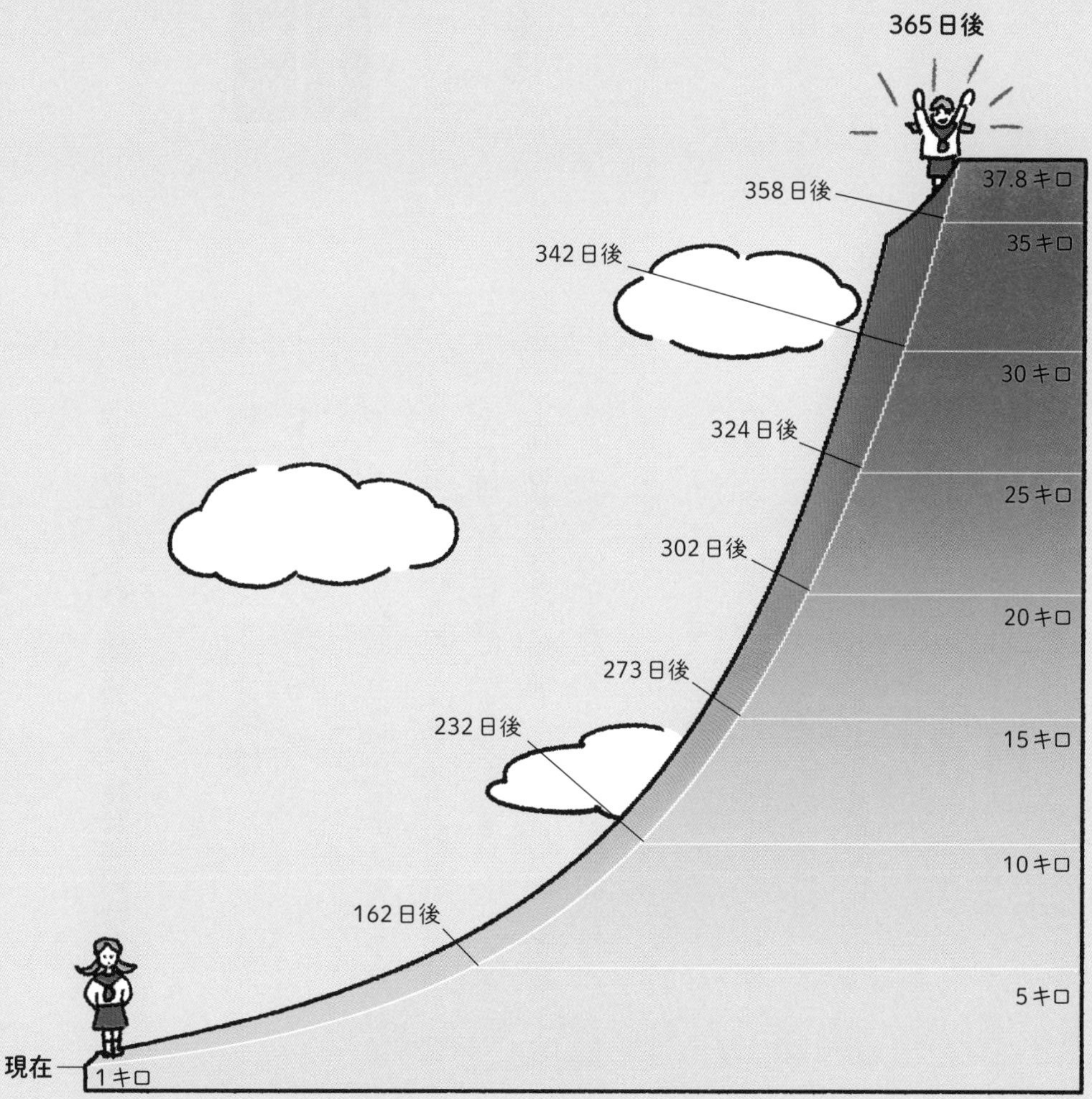

06

アメーバで指数関数のグラフを実感しよう！

アメーバの個数は「指数関数」であらわせる

1日に1回分裂して2倍にふえるアメーバがいるとします。1個のアメーバからはじまったとすると、10日後には何個になっているでしょうか。10日後の個数を指数を使ってあらわすと2^{10}個です。**つまり、日数を x、個数を y とすると、下の①という式が成り立ちます。**この式を使えば、好きな日数を x に入れることで、そのときのアメーバの個数をあらわすことができるのです。**このように②であらわされる関係式を「指数関数」といいます。**

①$y = 2^x$

②$y = a^x$

毎日2倍で1年後は110桁の数に

アメーバの個数をあらわす①の式をグラフにすると左のイラストのようになります。xの値（経過日数）が大きくなるほど、アメーバの数が急速に増加していくことがわかるでしょう。10日後のアメーバの個数は、③となります。

ちなみに、1年（365日）後のアメーバの数は2^{365}個で、これをコンピューターで計算すると、「751153362…（中略）…1919232」という110桁の数になります。もはや天文学的な数字です。

③$2^{10}=1024$個

注：ここでは、アメーバが無限に分裂でき、1個も死なないと仮定しています。

アメーバの増殖

毎日分裂して2倍になるアメーバの個数は、$y=2^x$という数式であらわせます。グラフにすると下のようになります。xの値が大きくなるほど、アメーバは急激に増殖します。

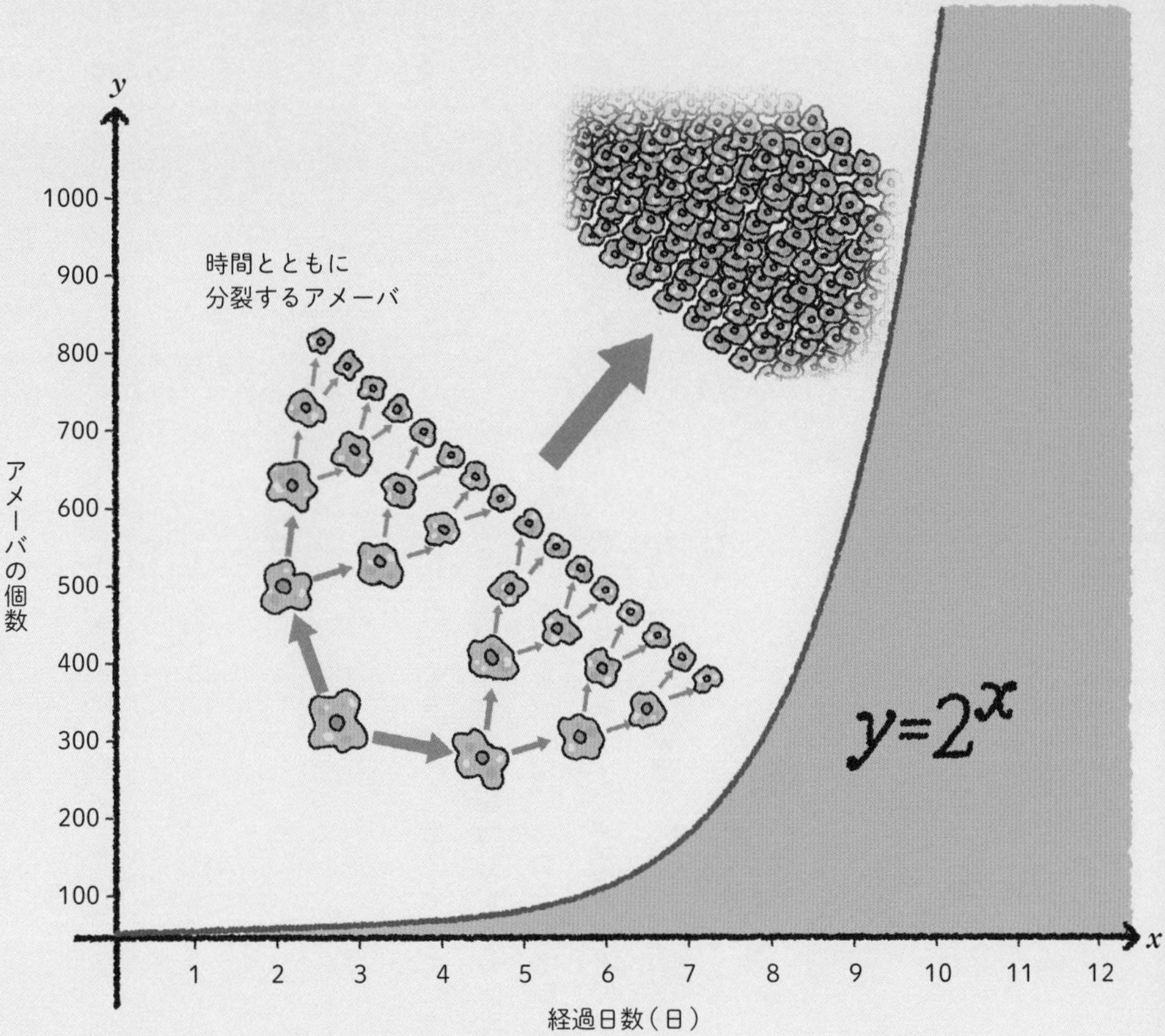

博士！教えて!!

ギガって何ですか？

博士、ギガって何ですか？　テレビのコマーシャルで、ギガっていってました。

ふむ。ギガというのは、10億倍をあらわす言葉じゃ。

えっ、10億倍？

うむ。単位の前にギガという言葉をつけると、10億倍になるんじゃ。たとえば、データ量の単位のバイトにギガをつけると、ギガバイトになる。1ギガバイトは、1バイトの10億倍で、10億バイトじゃ。

へぇ～。

10億をゼロを使って書くと、ゼロをたくさん書かなければいけないから大変じゃろ。ギガを使えば、ゼロを書かなくてすむから楽なんじゃ。ギガは、ギリシア語で巨人という意味をもつ、ギガスが語源じゃ。

ギガスかっこいい！

Column

単位の接頭語

記号	読み方	指数表記	十進数表記
Q	クエタ	10^{30}	1 000 000 000 000 000 000 000 000 000 000
R	ロナ	10^{27}	1 000 000 000 000 000 000 000 000 000
Y	ヨタ	10^{24}	1 000 000 000 000 000 000 000 000
Z	ゼタ	10^{21}	1 000 000 000 000 000 000 000
E	エクサ	10^{18}	1 000 000 000 000 000 000
P	ペタ	10^{15}	1 000 000 000 000 000
T	テラ	10^{12}	1 000 000 000 000
G	ギガ	10^{9}	1 000 000 000
M	メガ	10^{6}	1 000 000
k	キロ	10^{3}	1 000
h	ヘクト	10^{2}	100
da	デカ	10^{1}	10
		10^{0}	1
d	デシ	10^{-1}	0.1
c	センチ	10^{-2}	0.01
m	ミリ	10^{-3}	0.001
μ	マイクロ	10^{-6}	0.000 001
n	ナノ	10^{-9}	0.000 000 001
p	ピコ	10^{-12}	0.000 000 000 001
f	フェムト	10^{-15}	0.000 000 000 000 001
a	アト	10^{-18}	0.000 000 000 000 000 001
z	ゼプト	10^{-21}	0.000 000 000 000 000 000 001
y	ヨクト	10^{-24}	0.000 000 000 000 000 000 000 001
r	ロント	10^{-27}	0.000 000 000 000 000 000 000 000 001
q	クエクト	10^{-30}	0.000 000 000 000 000 000 000 000 000 001

07

放射性物質は、$\frac{1}{2}$のかけ算でこわれていく

くりかえしのかけ算で、数が小さくなることも

くりかえしのかけ算では、必ずしも数がふえていくとはかぎりません。**1よりも小さい数をくりかえしかけていけば、数はどんどん小さくなっていきます（ゼロに近づいていく）。**たとえば、「放射性物質」がその例です。

放射性物質の「崩壊」も、くりかえしのかけ算

放射性物質は、構成する原子が自然に「崩壊」して、ほかの原子に変化することがあります。原子が崩壊する確率は、放射性物質の種類ごとに決まっています。ある放射性物質の原子が崩壊していき、全体として元の$\frac{1}{2}$の数になる期間のことを「半減期」といいます。**半減期１回分の年月の経過で放射性物質の原子の数は$\frac{1}{2}$に、半減期２回分の年月の経過では下の①となります。**これもくりかえしのかけ算です。

たとえば「炭素14」という放射性物質は、半減期が約５７３０年です。また、福島第一原発の事故で問題となった「セシウム１３７」の半減期は、約３０・１年です。

① $\frac{1}{2} \times \frac{1}{2} = \frac{1}{4}$

放射性物質の崩壊

放射性物質の原子は、別の原子に変化していくため、時間とともに個数が減っていきます。放射性物質の原子の個数は、半減期を過ぎるたびに$\frac{1}{2}$倍になります。

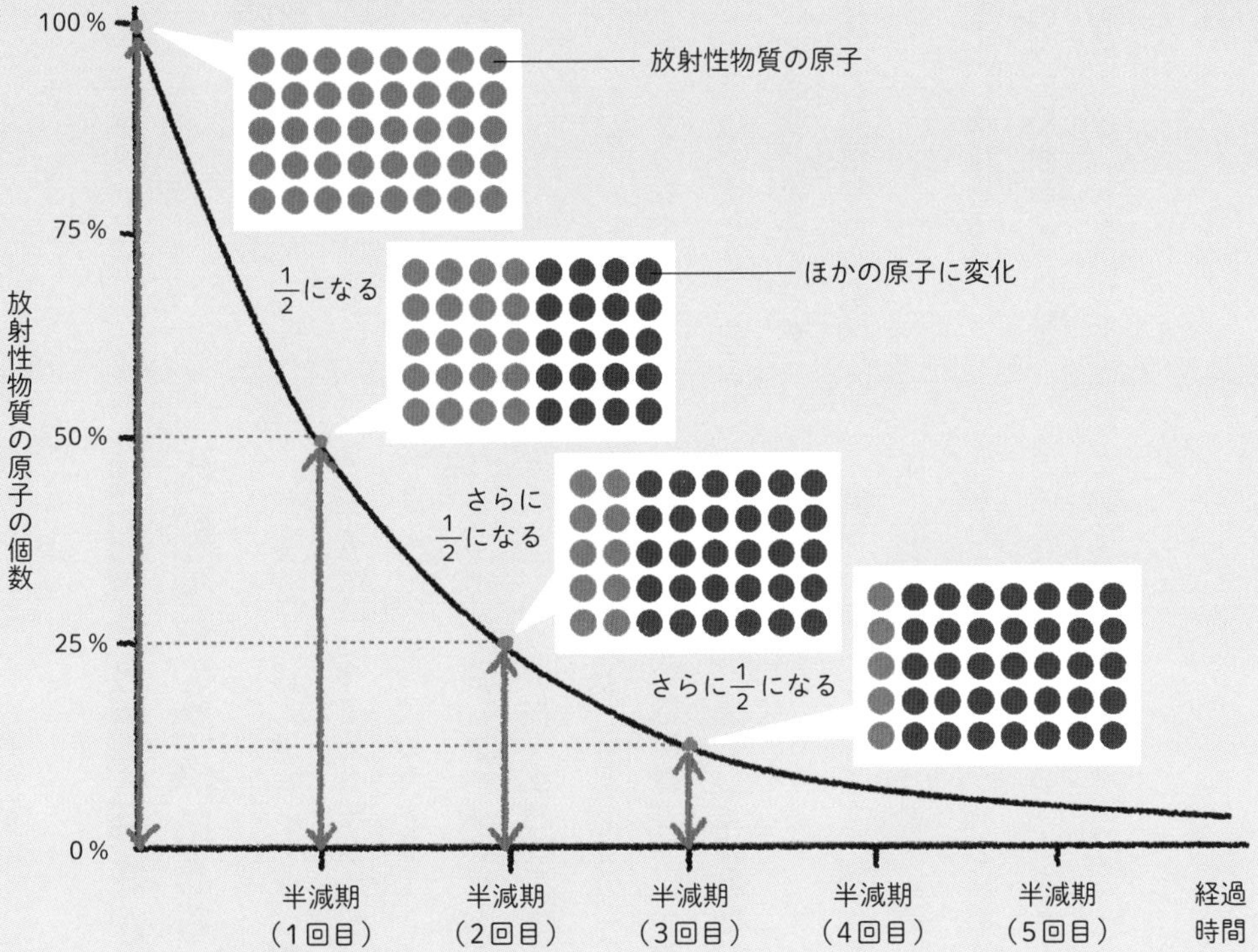

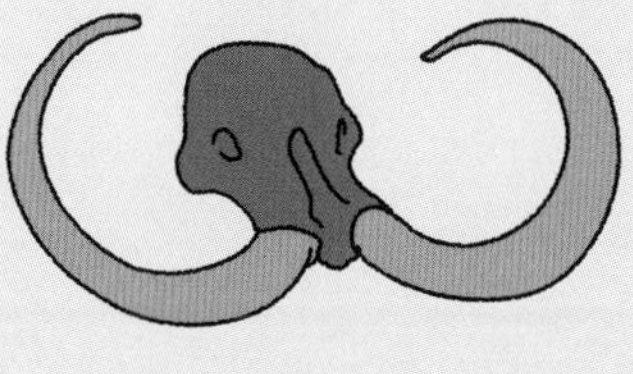

化石の中に、放射性物質がどの程度含まれているかわかると、死んでからの経過時間が推定できるんだゾー。

08

グランドピアノの形は、指数と関係がある

グランドピアノの奥行きと弦の長さ

学校の音楽室などに置かれている、グランドピアノの形を思い浮かべてみてください。上から見ると、低音部である左側の奥行きが長く、高音部である右側の奥行きが短くなっています。**実は、この形には指数関数がひそんでいます。**

グランドピアノは、鍵盤を押すと、奥にあるハンマーがピンとはった弦を打ち、その弦の振動によって音がなります。弦の長さは、低音から高音になるにしたがって、徐々に短くなっています。

弦の長さと音の高さが指数関数の関係にある

たとえば、最も低いドの音の鍵盤が打つ弦の長さを1とすると、それよりも1オクターブ高いドの音の弦の長さは$\frac{1}{2}$です。さらに1オクターブ高いドの音の弦の長さは下の①になります。音程が1オクターブ上がるたびに、弦の長さは$\frac{1}{2}$倍になっているのです。これはまさに指数関数です。**つまりグランドピアノの形は、②という指数関数に由来しているのです。**

実際のグランドピアノは7オクターブあり、多くの場合、弦の太さを高音に行くにしたがって細くしたり、弦を斜めに配置するなどのくふうをほどこし、大きさをコンパクトにおさめています。

① $\frac{1}{2} \times \frac{1}{2} = \frac{1}{4}$

② $y = (\frac{1}{2})^x$

上から見たグランドピアノ

上から見たグランドピアノをえがきました。1オクターブ高くなると、弦の長さが$\frac{1}{2}$になります。弦の先端を結ぶと、指数関数の曲線があらわれます。

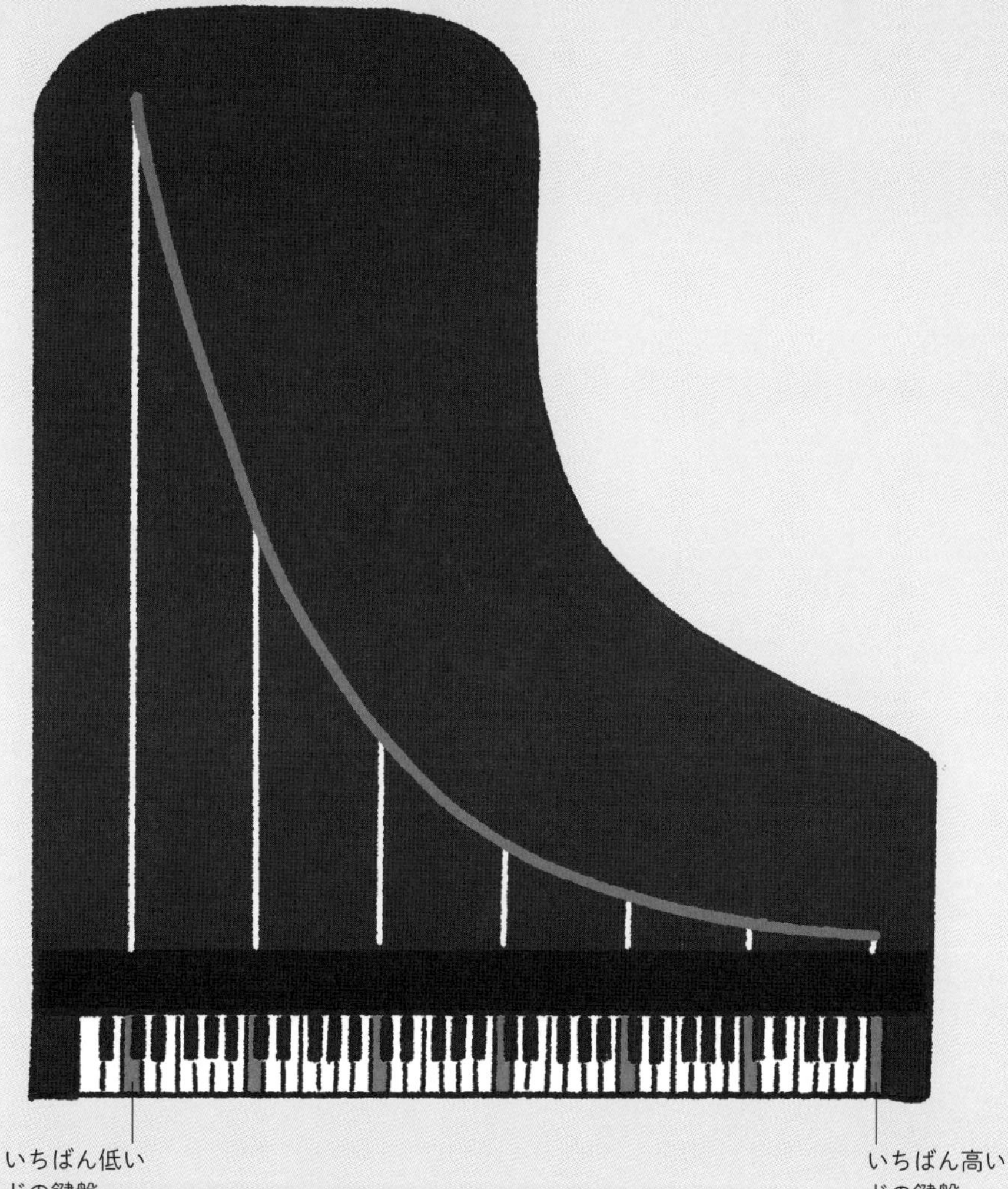

09

海の明るさは、深くなるほど暗くなる

明るさの変化は、くりかえしの掛け算

海では、深くもぐればもぐるほど、周囲は暗くなっていきます。海の水やそこに含まれる不純物が、海にさしこむ光を吸収するなどして、深いところほど水面からの光が届かなくなるためです。**実は、この水深と明るさの関係にも、指数関数があらわれます。**

暗くなる度合いは条件によってことなります。ここでは1メートルもぐるごとに、明るさが$\frac{9}{10}$倍になるとしましょう。このとき、水面での明るさを1とすると、水深1メートルでの明るさは$\frac{9}{10}=0.9$となり、水深2メートルでは①、水深3メートルでは②と計算できます。

① $\frac{9}{10}\times\frac{9}{10}=\frac{81}{100}=0.81$

② $\frac{9}{10}\times\frac{9}{10}\times\frac{9}{10}=\frac{729}{1000}=0.729$

急激に減少して、0に近づいていく曲線

1メートルもぐるごとに明るさが$\frac{9}{10}$倍になる海では、ある水深xメートルでの明るさは、③と書きあらわすことができます。この数式をグラフにあらわすと、左のイラストのようになります。曲線は急激に降下して、右に行くほど0に近づいていきます。これは海の明るさが、もぐりはじめに急に暗くなり、深くもぐるほど少しずつ真っ暗に近づいていくことを意味しています。

③ $y=\left(\frac{9}{10}\right)^{x}$

海の明るさの変化

1メートルもぐるごとに明るさが$\frac{9}{10}$倍になる海の、明るさの変化のグラフです。このグラフも、指数関数のグラフです。

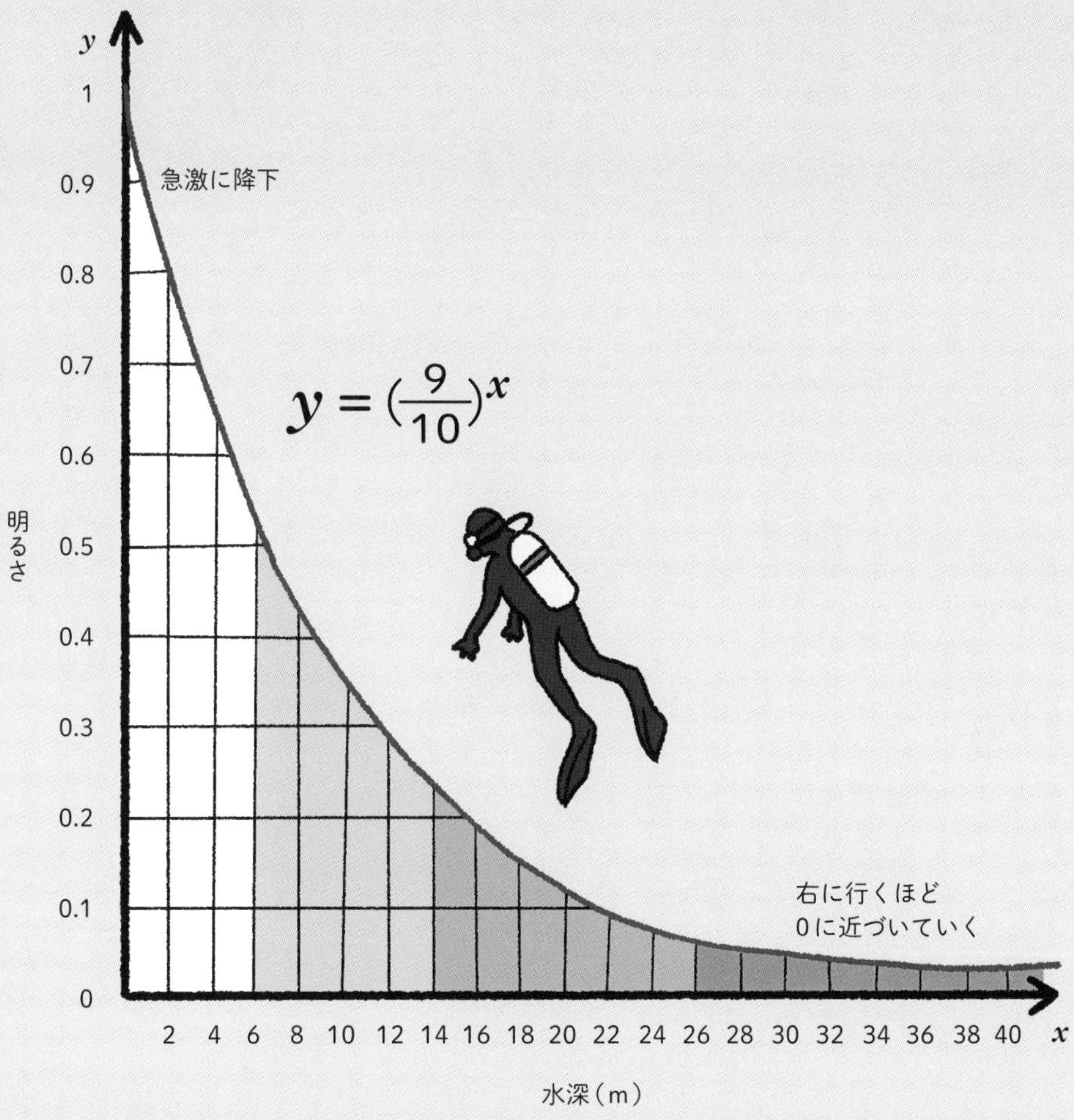

紙を42回折ると月まで届く！

「紙を42回折ると、月まで届く」と聞いて、信じられるでしょうか。厚さ約0.1ミリメートルのコピー用紙を42回折ると、厚さが地球から月までの距離をこえてしまうのです。

まずコピー用紙を半分に折ると、厚さが2倍の約0.2ミリメートルになります。これをまた半分に折ると、厚さはさらに2倍の0.4ミリメートルになります。**このように、半分に折るたびに、厚さは2倍になり、10回目で１００ミリメートル（10センチメートル）になります。**これは、下の①とあらわすことができ、まさに指数の考え方です。

23回目には、東京スカイツリー（６３４メートル）よりも高い約８４０メートルとなります。**そして、42回目に、月までの距離（約38万キロメートル）よりも高い、厚さ44万キロメートルに達するのです。**ただし、41回折ったところで、紙の厚さは約22万キロメートルです。これを半分に折るなんて、どうがんばってもできそうにありません……。

①$0.1 \times 2^{10} = 100$ ミリメートル

Column

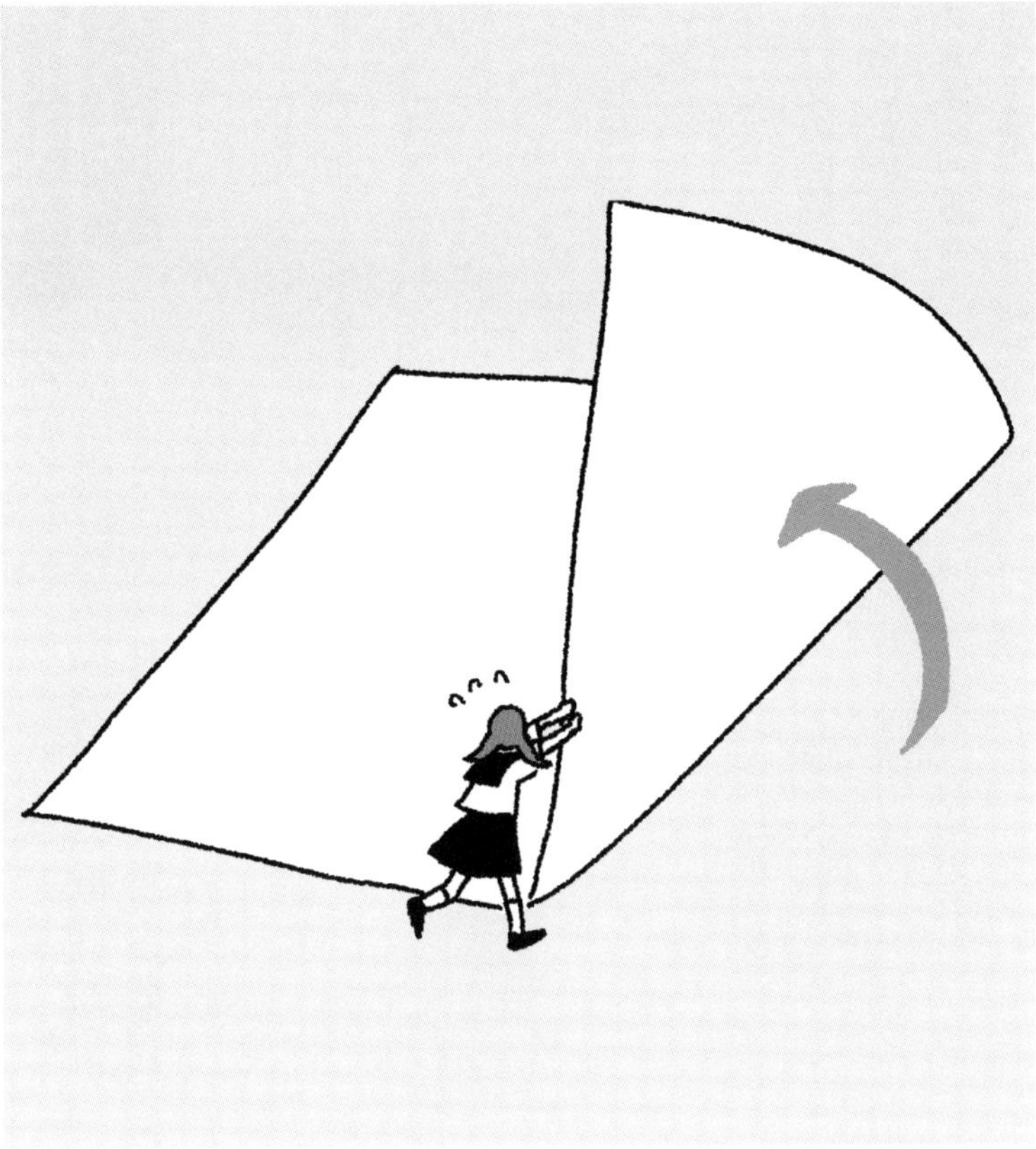

指数をはじめて使ったのは？

同じ数をくりかえしかけ算する考え方は、紀元前からあります。たとえば、直角三角形の辺の長さに関して、下の①が成り立つというピタゴラスの定理は、紀元前6世紀ごろの発見といわれています。

①$a^2 + b^2 = c^2$

右肩にかけ算の回数を記す指数の表記をはじめて用いたのは、17世紀の哲学者で数学者のルネ・デカルト（1596〜1650）だと考えられています。デカルトは、論文『幾何学』の中で「$a \times a \times a$」を「a^3」と簡略化しました。**それ以前は、さまざまな表記が用いられていました。**たとえば、オランダの数学者、シモン・ステビン（1548〜1620）は、現在の「$3x^2$」を「3②」とあらわしていました。また、フランスの数学者、フランソワ・ヴィエタ（1540〜1603）は「D^2」を「$D.\ quad.$」と表記しました。

ふだん数学の表記法について、気にすることはないかもしれません。しかし、数式を見やすくする指数などの表記法の発達が、数学の発展の一因となっているのです。

Column

ルネ・デカルト
（1596～1650）

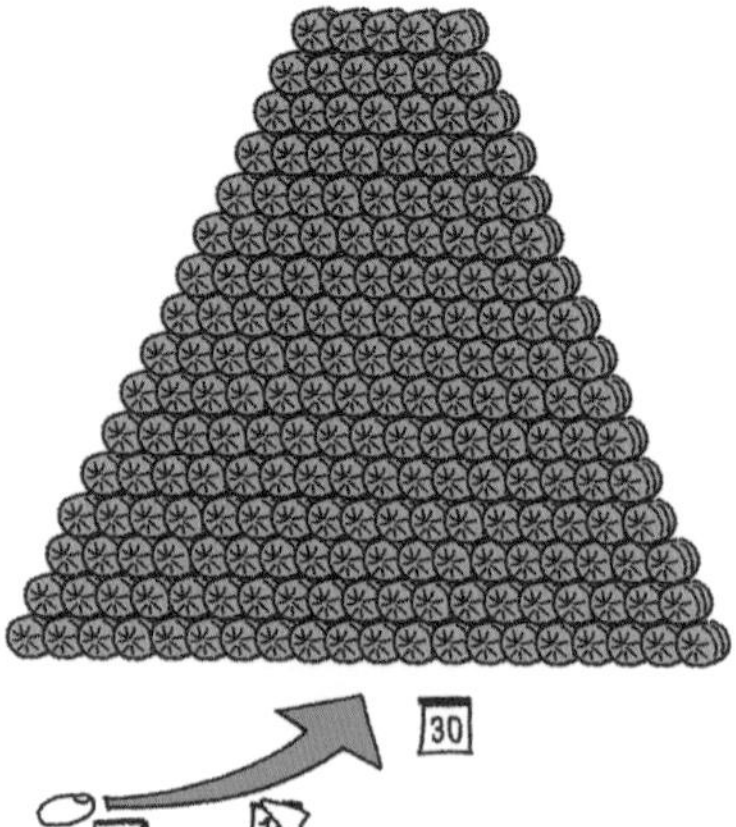
30
1
10

第2章

対数と指数は同じものだった！

第1章で紹介した指数の考え方は、いかがでしたか。指数とは「同じ数をくりかえしかけ算する回数」のことです。第2章ではいよいよ、対数の話に入っていきます。対数とは、一言でいうと、「同じ数のかけ算をくりかえす回数」です。…でも、ちょっと待ってください。指数と対数って、同じではないのでしょうか。そうです。同じなのです！

01

1等星と6等星の明るさは、100倍ちがう

星の等級は、対数をもとにしている

ここからはいよいよ、対数について考えていきましょう。

たとえば、夜空に輝く星は「1等星」、「2等星」……と、明るさによって等級がつけられています。**この等級は実は、対数をもとにしたものです。**

対数とは、かけ算をくりかえす回数

仮に6等星の光の量を1とします。すると、5等星の光の量は約2.5、4等星は約6.3（2.5^2）、3等星は約15.6（2.5^3）、2等星は約39（2.5^4）、そして1等星は約100（2.5^5）となります。**つまり星の等級は、光の量が2.5の何乗なのか、ということをもとにして決められているのです。**

この「光の量が2.5の何乗なのか」というのが、対数の考え方です。**対数とは、ある決まった数（ここでは2.5）を何回かくりかえしかけ算して別の数（ここでは光の量）ができる場合に、かけ算をくりかえす回数（何乗するか）のことなのです。**

星の明るさと等級

1等星から6等星までの光の量を、棒グラフであらわしました。
6等星と1等星は、光の量が約100倍ちがいます。

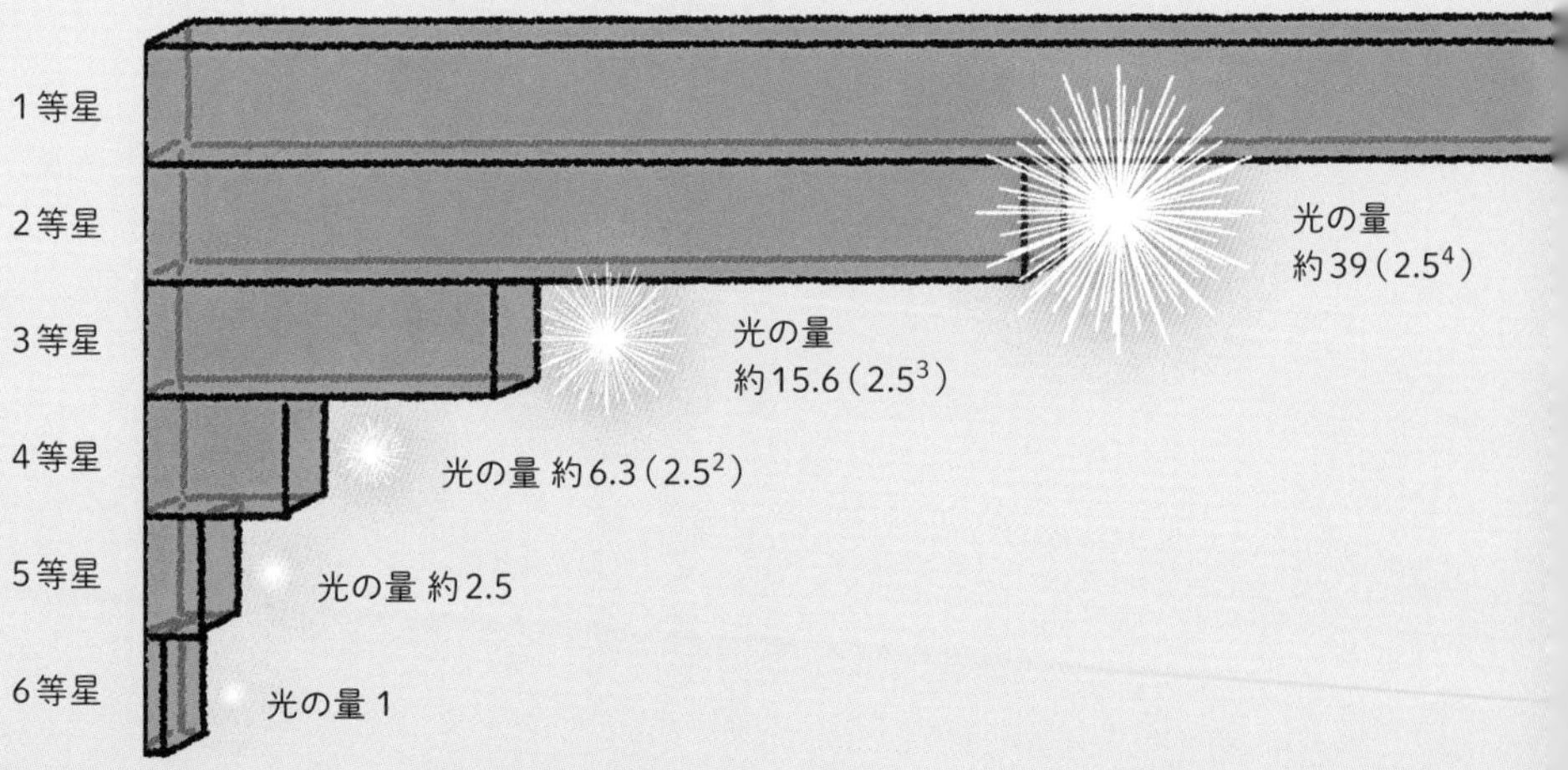

02

マグニチュード7と9、エネルギーは1000倍ちがう

地震のマグニチュードは、対数で決まる

地震の規模を示す「マグニチュード」にも、対数が関係しています。マグニチュードとは、地震のエネルギーの大きさをあらわす尺度です。

たとえば、地震のマグニチュードの値が1大きくなると、地震のエネルギーは約32倍（32^1）になります。マグニチュードが2大きくなると、エネルギーは1000倍（1000≒32^2）になります。**つまり、マグニチュードは、地震のエネルギーが「32の何乗なのか」という対数の考え方をもとにして、決められているのです。**

東北地方太平洋沖地震は、マグニチュード9・0

2011年の東北地方太平洋沖地震のマグニチュードは、9・0でした。一般的に、マグニチュード7クラスの地震でも大地震といわれます。**東北地方太平洋沖地震は、それよりもエネルギーが1000倍も大きかったわけですから、いかに巨大な地震だったかわかるでしょう。**

地震のエネルギーのちがい

マグニチュード5.0 ～ 9.0までの地震のエネルギーを、球の体積であらわしました。球の体積は、マグニチュードが1上がるごとに約32倍になります。

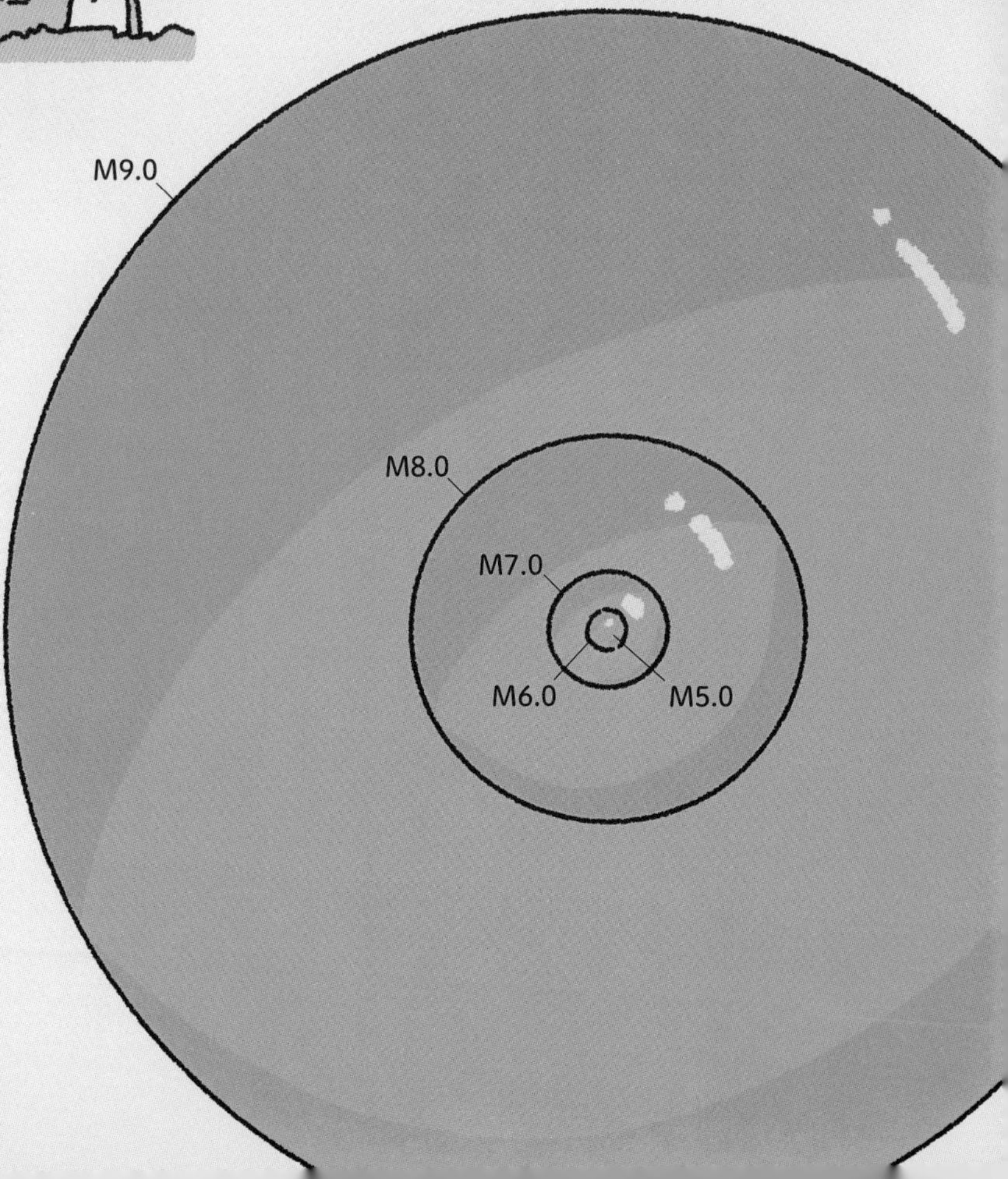

03

pH7の水道水とpH5の酸性雨。濃度のちがいは100倍

水素イオン濃度が高いと酸性

水溶液の酸性やアルカリ性を示す「pH（ピーエイチまたはペーハー）」も、対数と関係しています。pHは「水素イオン指数」とよばれ、水溶液中の水素イオン（H^+）の濃度がどれくらいなのかをあらわします。水素イオンの濃度が高いと酸性で、低いとアルカリ性です。

pHの数値は0から14まであり、0に近いほど酸性が強く、7が中性、14に近いほどアルカリ性が強いことを示します。

pHの値は、対数で決まる

pH1の水溶液には、1リットルあたり、0.1モル（※1）（10^{-1}）の水素イオンが溶けています。pH2の水溶液には、1リットルあたり0．01モル（10^{-2}）が溶けています。そして、pH14は1リットルあたり、0．00000000000001モル（10^{-14}）となります。**つまり、pHの値は「1リットルあたりに、水素イオンが10のマイナス何乗モル溶けているか」という対数をもとに計算されているのです。**

たとえば、酸性雨は一般的にpHが5.6以下といわれています。一方、水道水のpHは7付近です。pH5の酸性雨と、pH7の水道水はpHの差は2ですが、水素イオン濃度では100倍（10^2）もことなるのです。

※1：モルとは、原子や分子の数の単位です。1モルは、約6.0×10^{23}個です。

pHの値と水素イオン濃度

0～14のpHの値に対応する、水素イオン濃度をまとめました。pHの値が7から5へと2かわると、水素イオン濃度は10^{-7}から10^{-5}へと100倍になります。

1リットルあたりの水素イオン（モル）		pH	
1 = 10^{0}		pH0	酸性
0.1 = 10^{-1}		pH1	
0.01 = 10^{-2}		pH2	
0.001 = 10^{-3}		pH3	
0.0001 = 10^{-4}		pH4	
0.00001 = 10^{-5}		pH5	
0.000001 = 10^{-6}		pH6	
0.0000001 = 10^{-7}		pH7	中性
0.00000001 = 10^{-8}		pH8	
0.000000001 = 10^{-9}		pH9	
0.0000000001 = 10^{-10}		pH10	
0.00000000001 = 10^{-11}		pH11	
0.000000000001 = 10^{-12}		pH12	
0.0000000000001 = 10^{-13}		pH13	
0.00000000000001 = 10^{-14}		pH14	アルカリ性

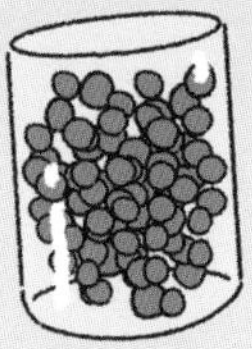

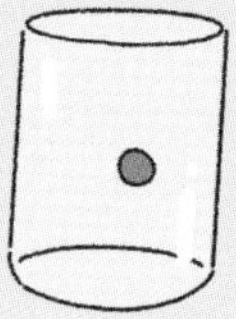

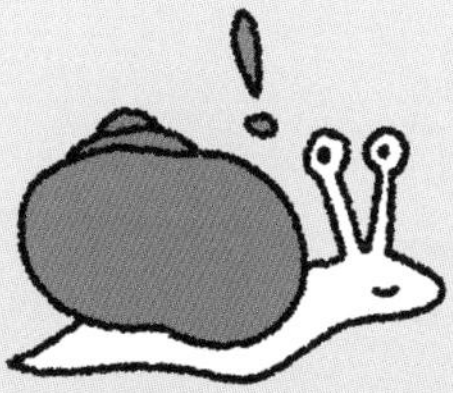

水素イオンの濃度が10倍になると、
pHの値は1下がるんだデン！

04

0デシベルと60デシベルは、音圧が1000倍ちがう

音圧の数値は、大きく変化する

音の大きさの単位「デシベル（dB）」にも、対数が使われています。

音の正体は、空気の振動です。空気の振動の強さを、「音圧」といいます。音圧の数値は、小さな音と大きな音で大きく変化します。たとえば、人が聞きとれる最小の音の音圧は約10^{-5}パスカル（パスカルは圧力の単位。Pa）、普通の会話の音の音圧は最小の音の1000倍大きい10^{-2}パスカルです。ジェット機の騒音の音圧ともなると、最小の音の100万倍も大きい

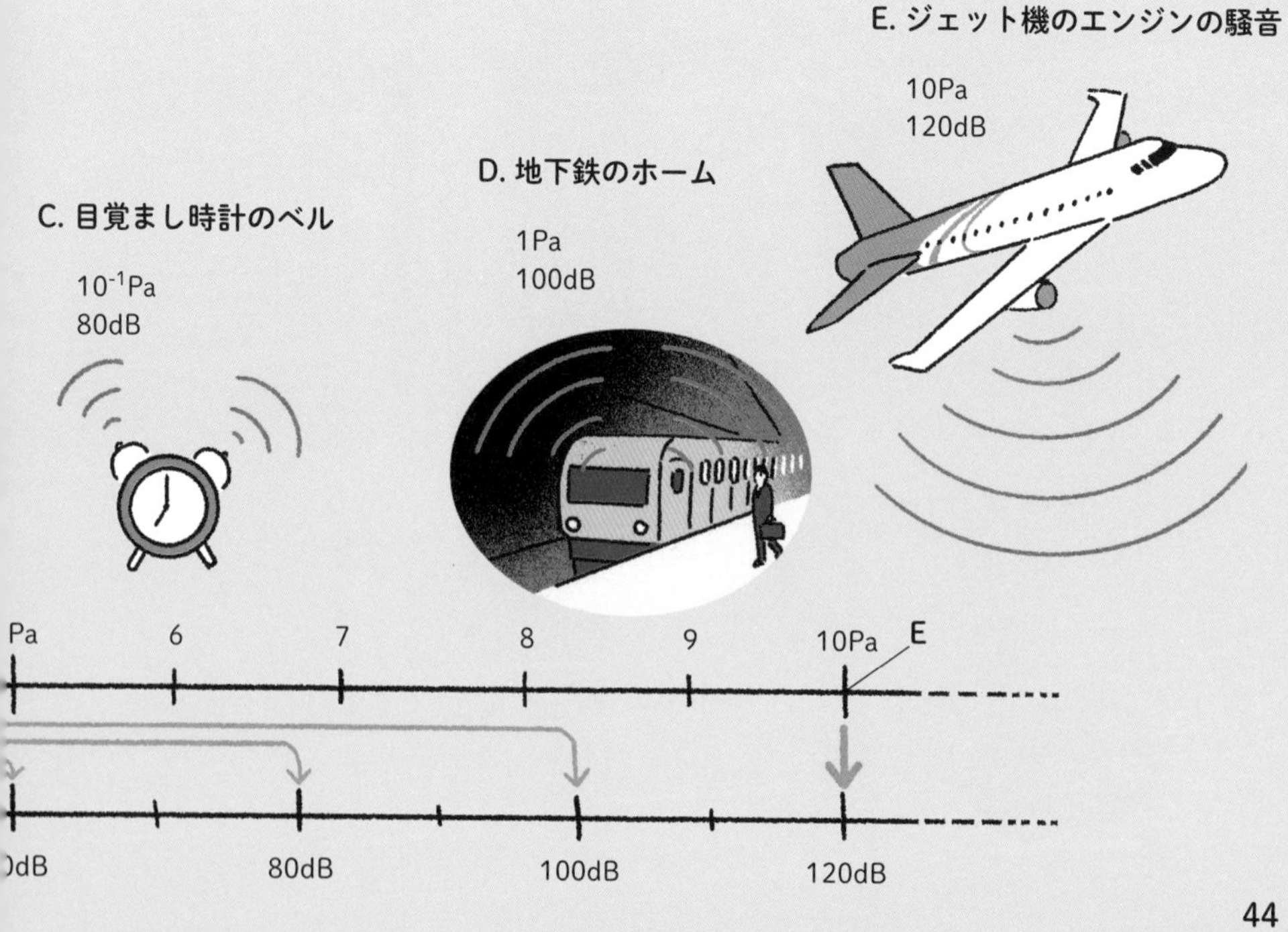

10パスカルほどになります。

デシベルを使えば、わかりやすい数値に

音圧は、桁数が大きく変化するため、音量の指標にするのは不便です。また人は、小さな音と大きな音で、大きさが100万倍もちがうとは感じません。そこで使われているのが、デシベルなのです。

デシベルは、対数を使って、下の①とあらわされます。 pは音量を知りたい音の音圧、p_0は人が聞きとれる最小の音の音圧です。①は、大ざっぱにいうと、音圧の数値の桁の変化の度合いを計算する数式です。**音圧が10倍になるとデシベルの値は20ふえ、100倍になると40ふえ、1000倍になると60ふえます。** デシベルを使えば、音量をわかりやすい数値で、表現することができるのです。

① $20 \times \log_{10}\left(\frac{p}{p_0}\right)$

いろいろな音の大きさ

いろいろな音のおおよその音圧の値(Pa)と、おおよそのデシベルの値(dB)をあらわしました(A～E)。

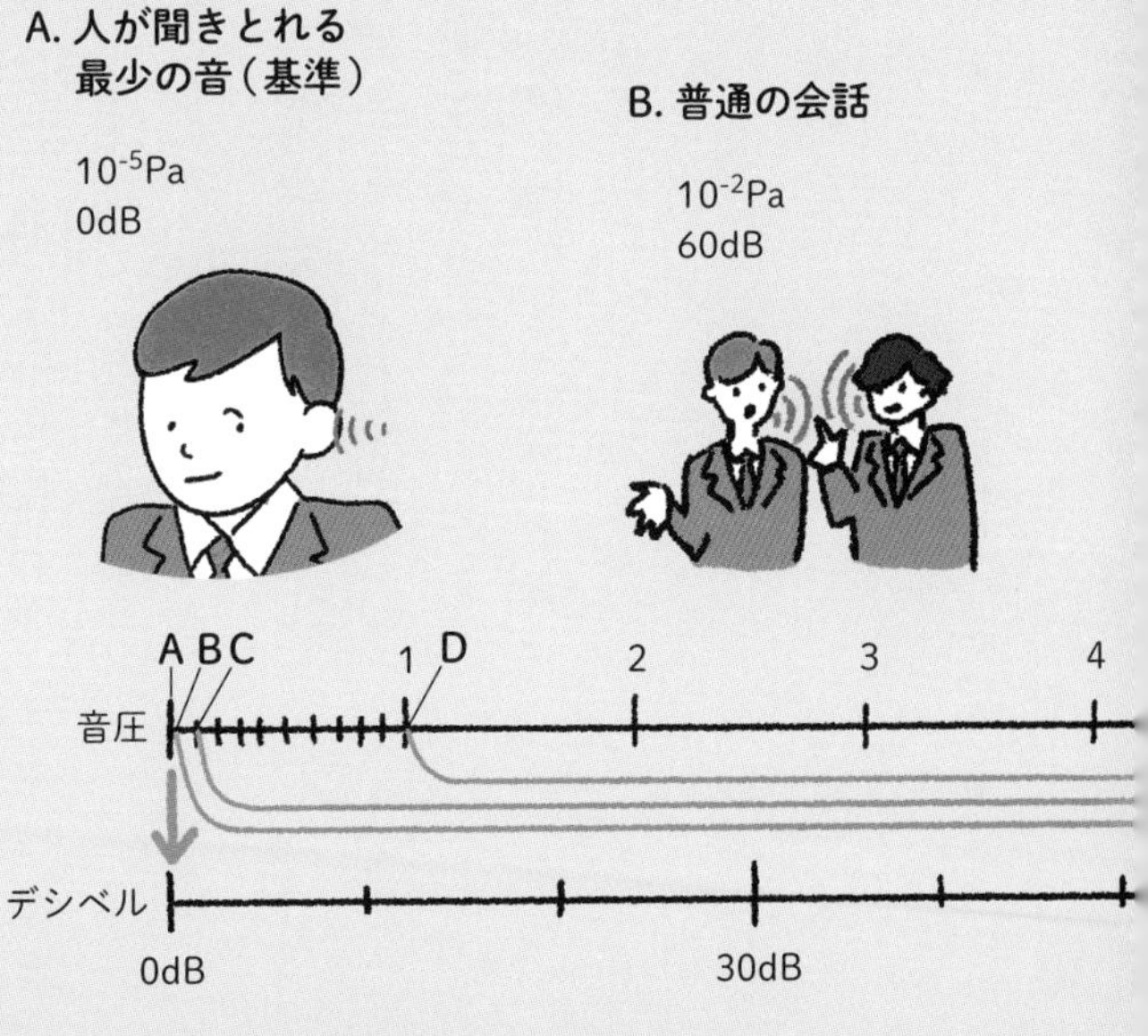

体は対数を感じている

ここまで、身近な対数を紹介してきました。**44～45ページでみたように、実は最も身近な対数は、「人間の感覚」かもしれません。**

たとえば、10グラムのおもりを手にもっているとします。これを１００グラム（10^2グラム）のおもりにかえると、重さは10倍になります。しかし、感覚的には、10倍ではなく、2倍程度の重さにしか感じられないそうです。**つまり、感覚的な大きさは、刺激の大きさの対数（元の重さの何乗になったのか）が基準になっているのです。**これを、「ウェーバー・フェヒナーの法則」といいます。

音や重さ以外に、明るさやにおいの感じ方にも、ウェーバー・フェヒナーの法則が当てはまります。たとえば、くさいにおいを発する物質を90％除去したとしても、せいぜいもとの半分程度のにおいになったとしか感じられないといいます。頭では対数を理解していなくても、体は対数を感じているといえるでしょう。

Column

05

対数は、天文学者と船乗りを救った

ジョン・ネイピアが対数を考案

対数が考案されたのは、1594年です。天動説から地動説への転換がおきていた時代であり、惑星の軌道計算などで複雑な計算がなされていました。また当時は、「大航海時代」でもあり、船の位置を割り出すために、天体観測をもとにした複雑な計算が必要でした。つまり、「少しでも楽に計算を行いたい」という時代の要請があったのです。**このような状況の中、イギリスの数学者、ジョン・ネイピア（1550～1617）が、計算を楽に行うための道具として、対数を考案しました。**これからくわしく見ていくように、対数を利用すれば、「複雑なかけ算を、足し算に変換する」ことができるのです。

何回くりかえしかけ算すればよい？

ここで、倍々になる「米粒」の話を思いだしてみましょう（16～17ページ）。たとえば4日目の米粒の数はいくつでしょうか。初日の1粒にはじまって、2日目、3日目、4日目と2倍を3回くりかえすので、2^3で8粒です。これは「指数」の考え方です。

では逆に、8粒もらえるのは何日目でしょうか。これが対数の考え方です。**このような、ある数を何回かくりかえしかけ算して別の数ができる場合に、かけ算をくりかえす回数（何乗するか）のことを対数とよんでいます。**

対数が天文学の発展を支えた

ネイピアが対数を考案した当時、天動説から地動説への転換がおきており、天文学で複雑な計算がなされていました。また、船の位置を知るためにも複雑な計算が必要でした。対数によって、そのような計算が楽に行えるようになりました。

対数のおかげで、たくさんの計算をこなせるようになったので、「天文学者の寿命は2倍にのびた」ともいわれているぞ。

ジョン・ネイピア（1550～1617）
イギリスの数学者。対数を考案した。

06

対数は、記号「log」であらわせる!

言葉にすると不便なので、記号にしただけ

対数を表現するときは「log」という記号を使います。むずかしそうにみえるかもしれませんが、心配はいりません。「2を何回かくりかえしかけ算して8になるときの、かけ算をくりかえす回数」と書いてもよいのですが、それではめんどうなので、logという記号を使っているだけです。この場合は、下の①と書きます(8は2の3乗なので、①の答は3です)。

①$\log_2 8$

logの右下の小さな数はくりかえしかけ算する数で、「底《てい》」とよばれます(この場合は2)。末尾の数はくりかえしのかけ算によってできあがる数で「真数《しんすう》」とよばれます(この場合は8)。

底が10の対数を常用対数という

2をくりかえしかけ算して32になるとき(底が2、真数が32であるとき)、この対数(かけ算をくりかえす回数)は②と書きます(その値は5)。また、10をくりかえしかけ算して1000になるとき(底が10、真数が1000であるとき)、この対数は③と書きます(その値は3)。なお、この例のように、底の部分が10である対数は「常用対数」とよばれ、とくによく利用されます。

②$\log_2 32$

③$\log_{10} 1000$

対数を表現するlog

対数をあらわすときには、「log」という記号を使います。下のイラストの○を「底」、□を「真数」といいます。この対数は、「○を何回かくりかえしかけ算すると□になるときの、かけ算をくりかえす回数」をあらわします。

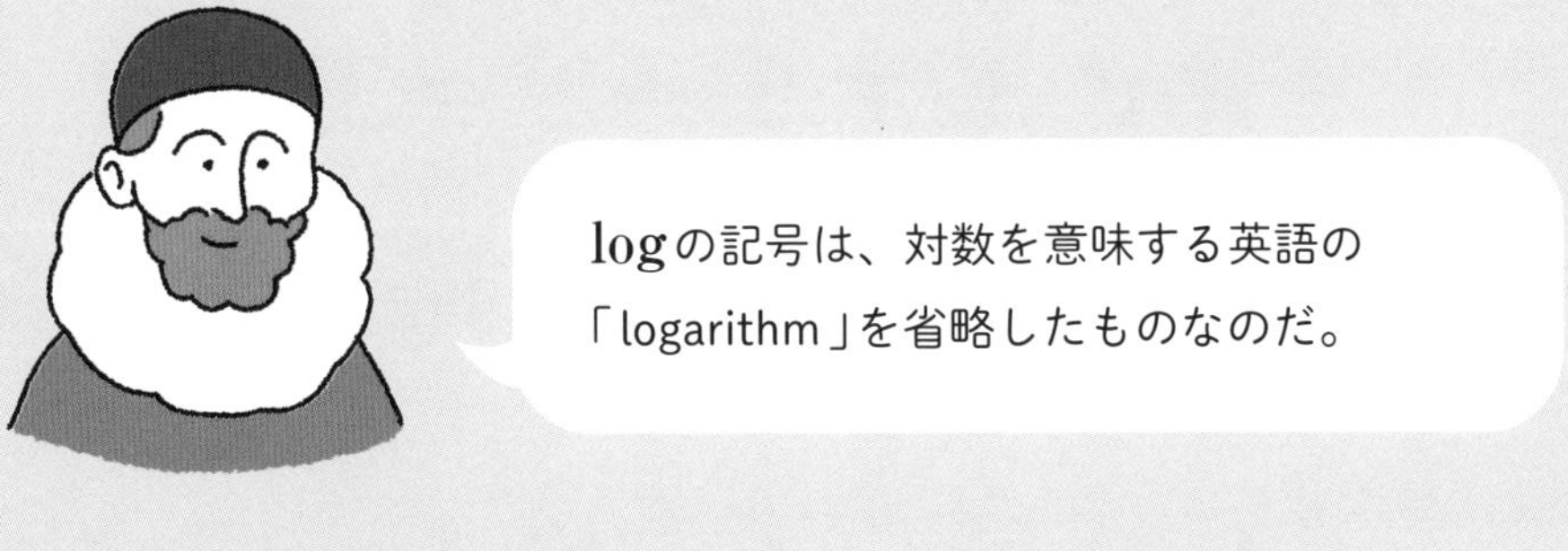

07

対数と指数は、表裏一体の関係だった！

指数も対数も「かけ算のくりかえしの回数」

ここでは、指数と対数の関係について考えてみましょう。12ページでは「同じ数をくりかえしかけ算する回数」のことを「指数」とよびました。一方、48ページでは、対数は「同じ数のかけ算をくりかえす回数」であるということをみました。指数と対数は、いったい何がちがうのでしょうか。

対数と指数の関係の実例

$$\log_2 8 = 3 \leftrightarrow 2^3 = 8$$

$$\log_2 32 = 5 \leftrightarrow 2^5 = 32$$

$$\log_{10} 1000 = 3 \leftrightarrow 10^3 = 1000$$

$$\log_3 81 = 4 \leftrightarrow 3^4 = 81$$

指数と対数は見方がちがうだけ

実は、指数と対数のいずれも「かけ算のくりかえしの回数」のことであり、この点では両者は同じです。ただし両者では、見方(文脈)がことなります。

指数の場合、かけ算をくりかえす数とくりかえしの回数が、あらかじめわかっています。**一方、対数の場合にあらかじめわかっているのは、かけ算をくりかえす数と、かけ算のくりかえしによってできる数であり、かけ算をくりかえす回数についてはわかっていないのです。**下に指数と対数の関係を示しました。指数と対数は、表裏一体の関係だといえるでしょう。

指数と対数の関係

指数と対数の関係を示しました。○、□、△の関係は両者で同じです。右のページには、指数と対数の関係の実例をいくつか示しました。

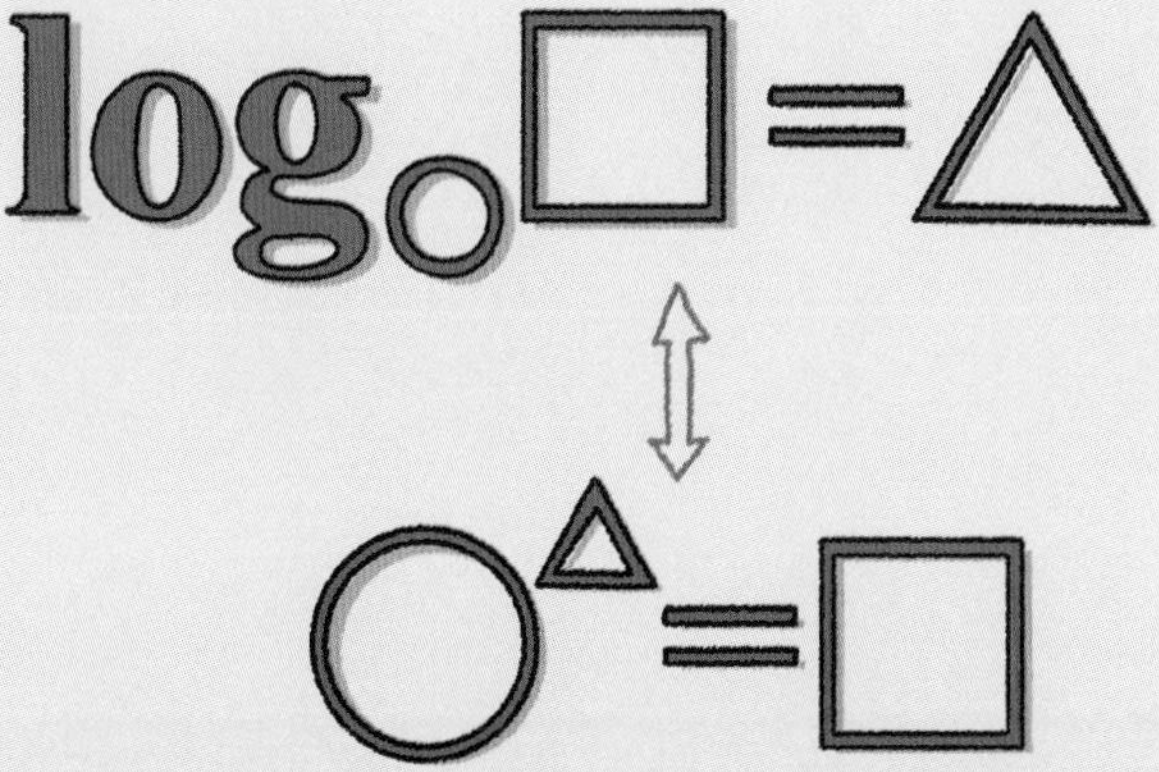

一、十、百、千、万…どこまで続く？

「万」や「億」など、数の桁をあらわすときに、漢字を使うことがあります。国家予算や大企業の売り上げなどで使われる「兆」までは、多くの人にとって馴染みがあるでしょう。では、そのつづきはどうなっているのでしょうか。

桁をあらわす言葉をまとめたのが左の表です。**これらは、江戸時代の数学者、吉田光由《よしだみつよし》の算術書『塵劫記《じんこうき》』の内容が広まったものといわれています。**そしてこの中の「恒河砂《ごうがしゃ》」以降は、仏教用語がもとになっているとされています。たとえば、「恒河」はインドのガンジス川のことです。したがって「恒河砂」はガンジス川の砂をあらわし、数かぎりないことのたとえとして仏教で用いられていました。

なお、仏教の経典の一つ華厳《けごん》経《きょう》には、数の桁をあらわすほかの言葉も登場します。**その中で最大の「不可説不可説転」を10の指数であらわすと、①となります。**とんでもない数です。

①$10^{37218383881977644441306597687849648128}$

Column

桁をあらわす言葉

日本語	指数表記	十進数表記
一《いち》	10^{0}	1
十《じゅう》	10^{1}	10
百《ひゃく》	10^{2}	100
千《せん》	10^{3}	1000
万《まん》	10^{4}	10000
億《おく》	10^{8}	100000000
兆《ちょう》	10^{12}	1000000000000
京《けい》	10^{16}	10000000000000000
垓《がい》	10^{20}	100000000000000000000
秭《じょ》	10^{24}	1000000000000000000000000
穣《じょう》	10^{28}	10000000000000000000000000000
溝《こう》	10^{32}	100000000000000000000000000000000
澗《かん》	10^{36}	1000000000000000000000000000000000000
正《せい》	10^{40}	10000000000000000000000000000000000000000
載《さい》	10^{44}	100000000000000000000000000000000000000000000
極《ごく》	10^{48}	1000000000000000000000000000000000000000000000000
恒《ごう》河《が》沙《しゃ》	10^{52}	10000000000000000000000000000000000000000000000000000
阿《あ》僧《そう》祇《ぎ》	10^{56}	100000000000000000000000000000000000000000000000000000000
那《な》由《ゆ》他《た》	10^{60}	1000000000000000000000000000000000000000000000000000000000000
不《ふ》可《か》思《し》議《ぎ》	10^{64}	10000000000000000000000000000000000000000000000000000000000000000
無《む》量《りょう》大《たい》数《すう》	10^{68}	100000000000000000000000000000000000000000000000000000000000000000000

注意：表記や数値については、諸説あります。

08

対数関数のグラフを見てみよう

対数のグラフは徐々になだらかになる

22ページでは、アメーバの増殖を例に、下の①という指数関数をグラフであらわしました。今度は、「対数関数」をグラフにしてみましょう。

logを使った関係式、②を「対数関数」といいます。②の式のaを2とした、③の式をグラフであらわすと、左のページのⓐのようになります。**xの値が大きくなるにしたがって、グラフはなだらかになります。**

①$y = 2^x$

②$y = \log_a x$

③$y = \log_2 x$

対数と指数のグラフをくらべてみよう

ここに、指数関数①のグラフを置いてみましょう。指数関数①のグラフが左のⓑです。対数関数とは逆に、xの値が大きくなるにしたがって、yの値の増加幅がどんどん大きくなっています。

次に、$y = x$の直線（ⓒ）を置いてみましょう。**すると、ふしぎなことにⓐとⓑが、ちょうど$y = x$を境に、鏡映しのようになっていることがわかります。**

$y = x$の直線で折り曲げると、対数関数対数関数のグラフⓐと指数関数のグラフⓑはぴったりと重なるのです。

指数関数と対数関数のグラフ

指数関数では$\boldsymbol{x}$が大きくなると$\boldsymbol{y}$が急激にふえ、対数関数では$\boldsymbol{x}$が大きくなるとふえかたがゆるやかになります。両者は、$\boldsymbol{y}=\boldsymbol{x}$のグラフをはさんで線対称になっています。

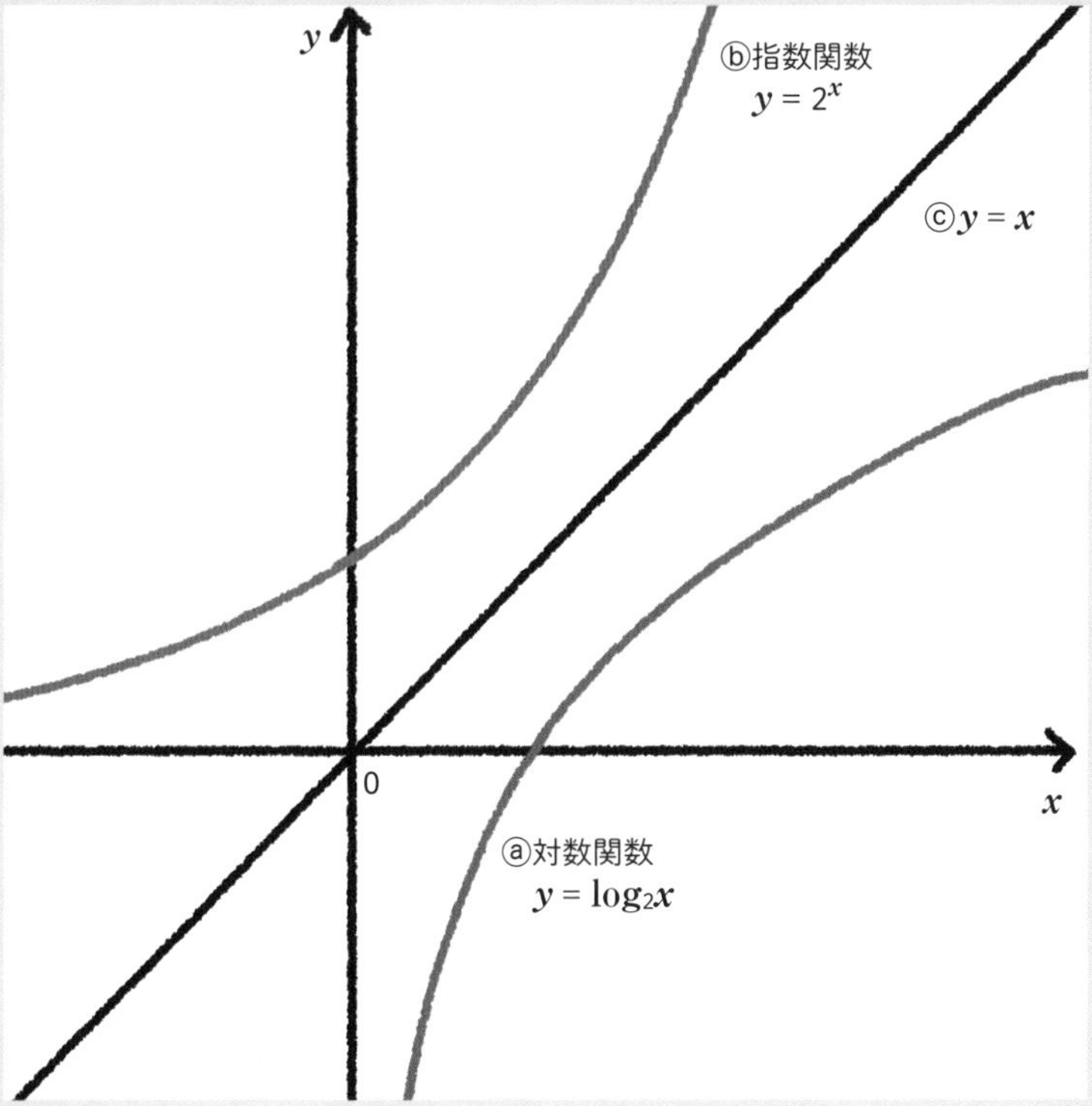

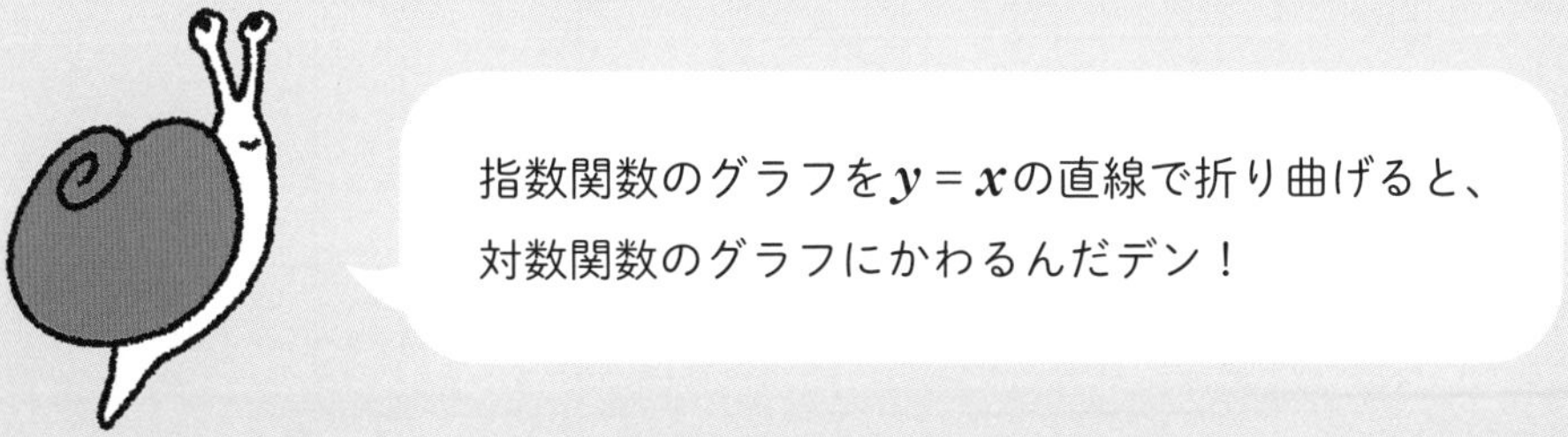

09

アメーバの増殖は、対数目盛りを使うとわかりやすい！

xが大きくなると、グラフにあらわせない

22ページで紹介したアメーバの増殖のしかたは、下の①という指数関数のグラフであらわすことができました（左ページ下のグラフ）。このグラフを見てもわかるように、指数関数は x がふえるにしたがって、y が急激にふえます。**そのため、このグラフからは、x が小さいときの y の値の変化をうまく読みとることができません。**

①$y = 2^x$

B. 対数グラフでえがいた$y = 2^x$

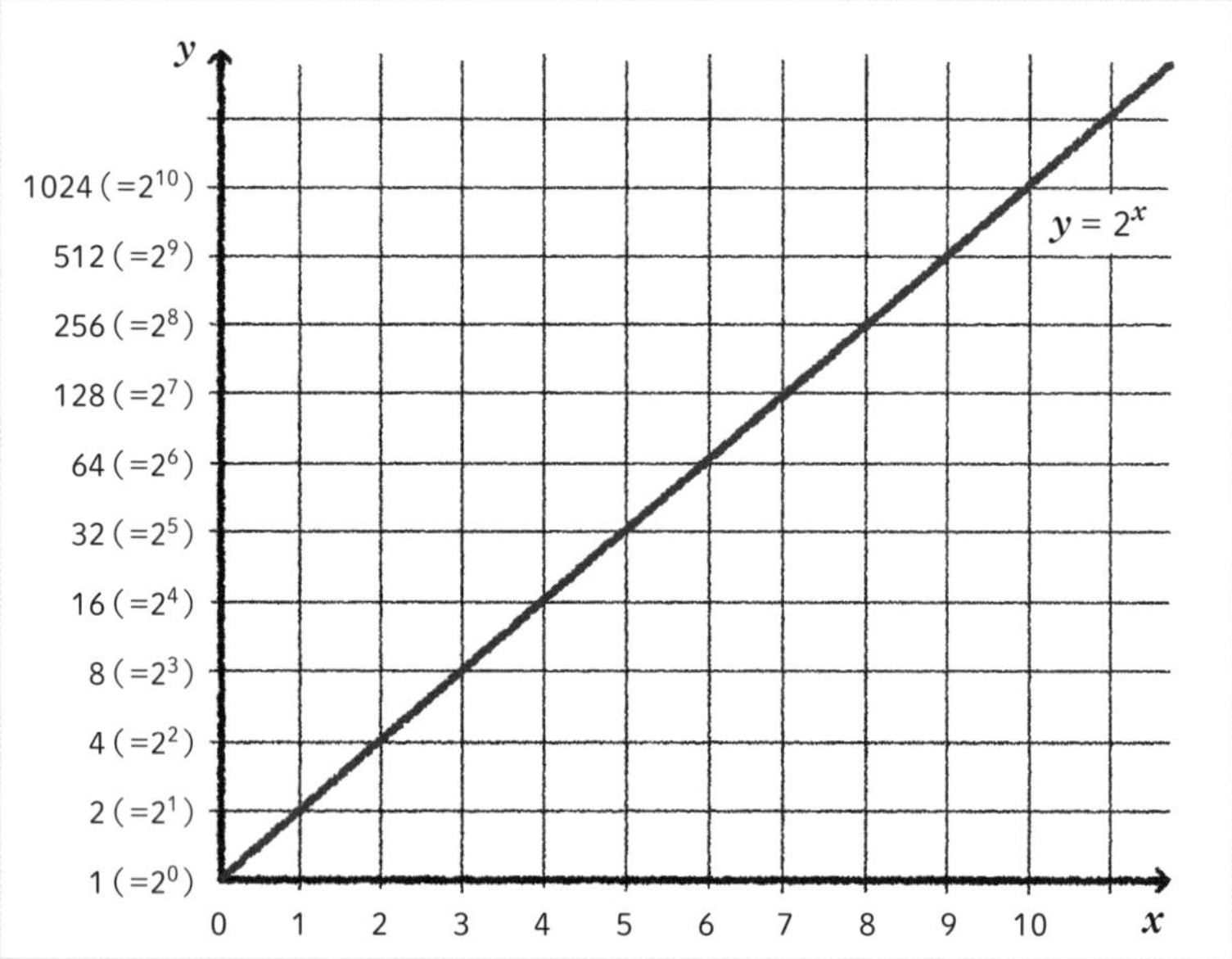

対数目盛りにすれば、見やすくなる！

そんなときに便利なのが、右ページ下の「対数グラフ」です。対数グラフとは、縦軸や横軸に「対数目盛り」を使ったグラフです。この対数目盛りとは、1目盛りごとに「1（2^0）、2（2^1）、4（2^2）、8（2^3）」のように、値が一定の倍率でふえていく目盛りのことです。右ページ下の対数グラフでは、縦軸が、1目盛りごとに2倍になるようにしています。アメーバの増加を対数グラフにすると、曲線になっていたグラフが直線になり、アメーバの増加傾向を読み取りやすくなるのです。

このような対数グラフを使うと、普通のグラフではみえない変化や関係性がはっきりとみえるようになります。対数グラフは、科学分析や経済統計など、さまざまな分野で活用されています。

普通のグラフと対数グラフ

$y = 2^x$を、普通のグラフ（A）と、
対数グラフ（B）でえがきました。

A. 普通のグラフでえがいた$y = 2^x$

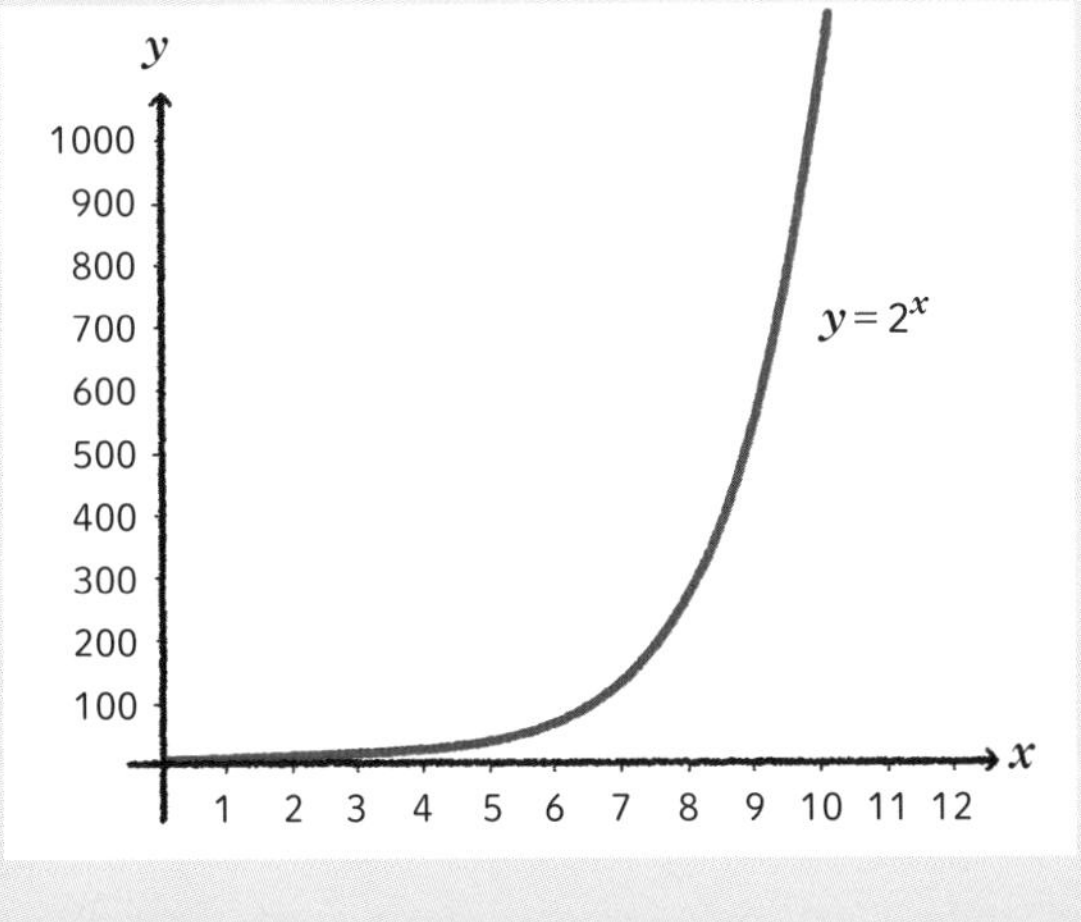

10

株価の変化も、対数目盛りを使うとわかりやすい

値が小さいと、変化が埋もれてしまう

左ページ下のグラフは、過去１２０年間のダウ平均株価（アメリカの代表的な株価指数）の変化を、普通のグラフでえがいたものです。

ここ30年ほどの株価の変化はよくわかるものの、１９９０年以前の株価の変化はよくわかりません。**過去の株価の値は、現在にくらべて小さいため、変化が埋もれてしまっているのです。**

B. 片対数グラフでえがいたダウ平均株価の変化

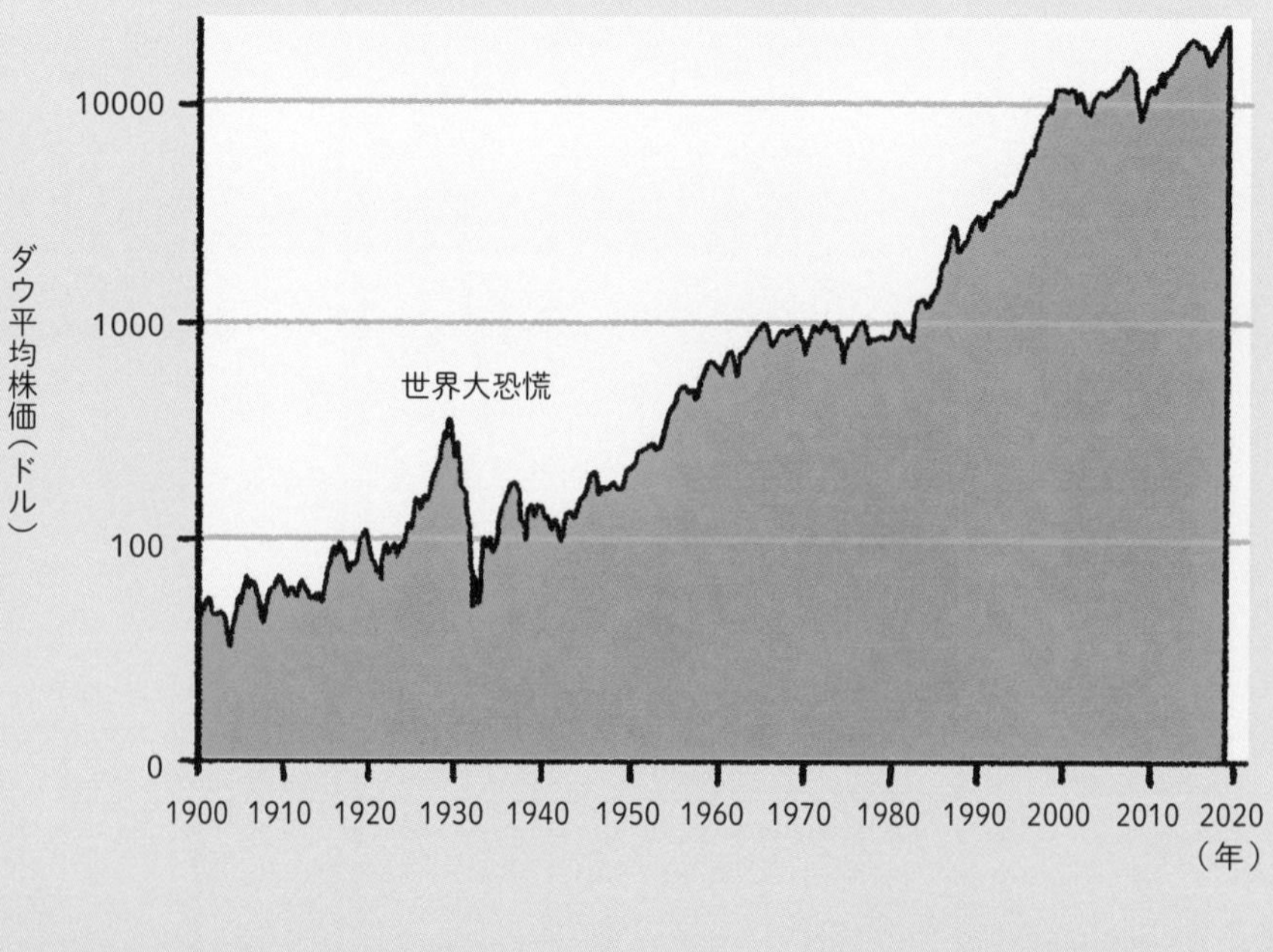

対数目盛で、相対的な変化がはっきりわかる

右ページ下のグラフは、同じ過去120年間のダウ平均株価の変化を、「片対数グラフ」でえがいたものです。片対数グラフとは、グラフの縦軸と横軸のどちらかが、対数目盛りになっているグラフです（※1）。

右ページ下のグラフでは、縦軸が1目盛りごとに10倍になるようにしてあります。古い時代の株価の値の変化も、はっきりわかります。**対数目盛りを使えば、たとえば1から10の10倍の変化と100から1000の10倍の変化が、同じ幅であらわされます。そのため、絶対的な値の大きさに関係なく、相対的な変化が見えやすくなるのです。**

※1：58ページのグラフも、片対数グラフです。

ダウ平均株価の変化

ダウ平均株価の変化を、普通のグラフ（A）と、
片対数グラフ（B）でえがきました。

A. 普通のグラフでえがいたダウ平均株価の変化

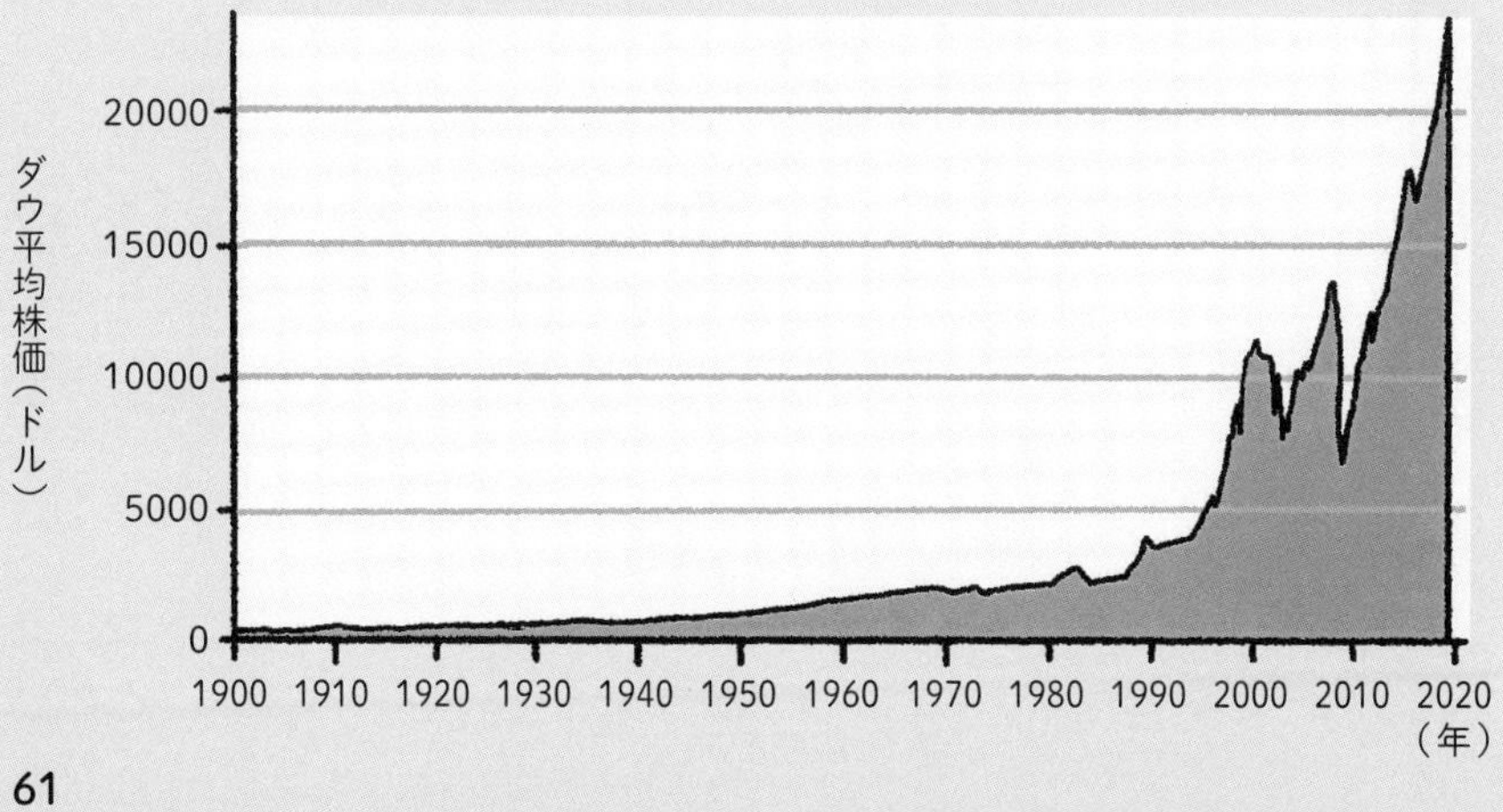

11

ガラスの破片の数は、両対数グラフで直線になる！

大きな破片は少なく、小さな破片が多い

ガラスの食器が床に落ちて粉々に割れたとき、実はガラスの破片には、重要な法則がひそんでいます。自然界のさまざまな現象を支配する、「べき乗則」です。

べき乗則とは、ある値の物事の発生する確率が、その値のべき乗（累乗）に比例するという法則です。

割れたガラスの破片を大きさごとに分別すると、大きな破片は少なく、小さな破片は多くなります。破片の大きさを横軸、破片の数を縦軸にしてえがいたグラフが、左ページ下のグラフです。

B. 両対数グラフでえがいたガラスの破片の大きさと数の関係

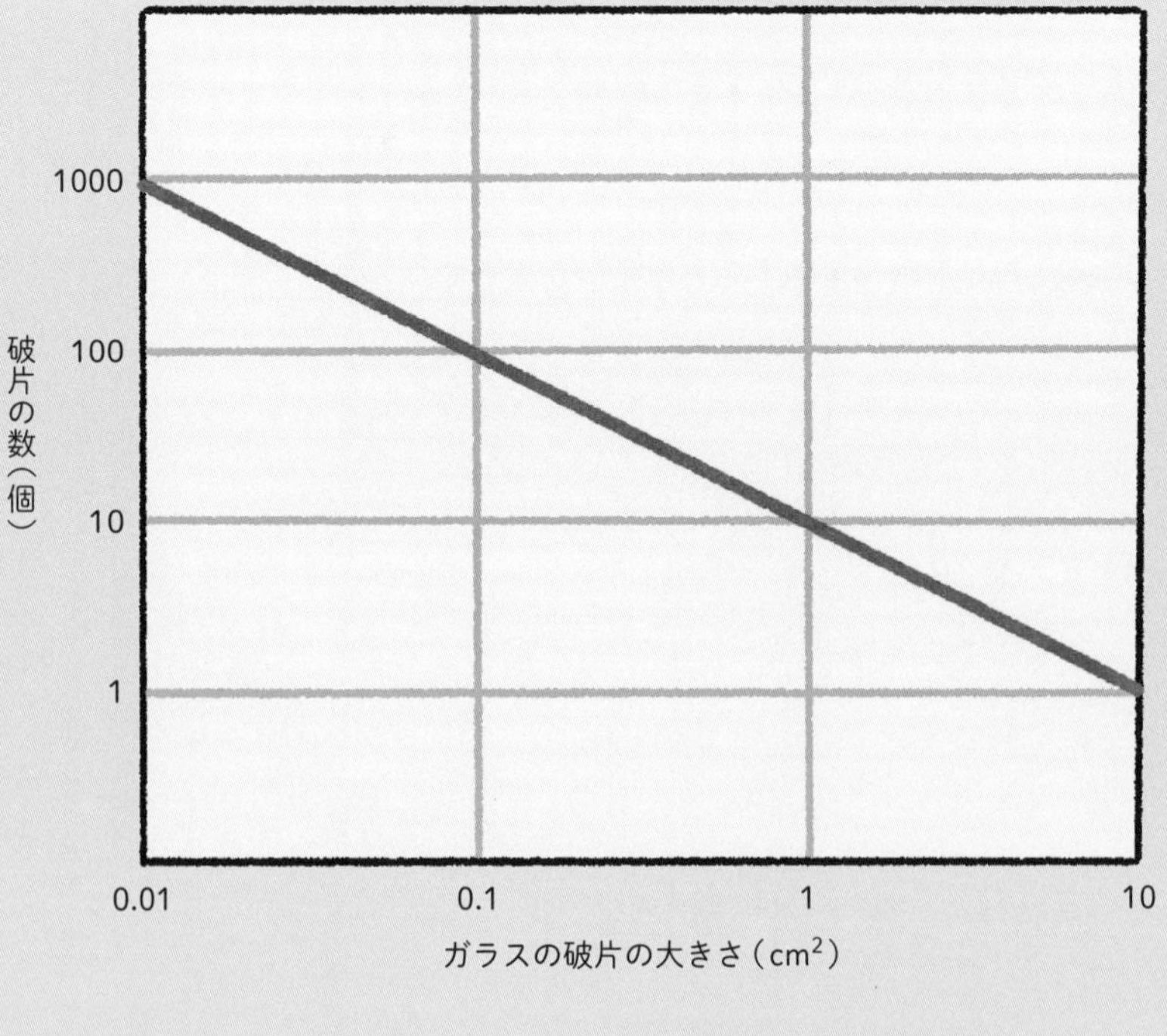

曲線だった線が、直線になる

右ページ下のグラフは、同じ割れたガラスの破片の大きさと数の関係を、「両対数グラフ」でえがいたものです。両対数グラフとは、グラフの縦軸と横軸の両方が、対数目盛りになっているグラフです。**普通のグラフで曲線だった線が、両対数グラフでは直線になりました。これが、べき乗則にしたがう現象のグラフです。**

ガラスが割れる現象は、ある大きさの破片ができる確率（個数）が、その大きさのべき乗に比例することから、べき乗則にしたがいます。対数グラフを使えば、普通のグラフでは見えない法則も、見つけられるのです。

ガラスの破片の大きさと数

ガラスの破片の大きさと数の関係を、普通のグラフ（A）と、両対数グラフ（B）でえがきました。

A. 普通のグラフでえがいたガラスの破片の大きさと数の関係

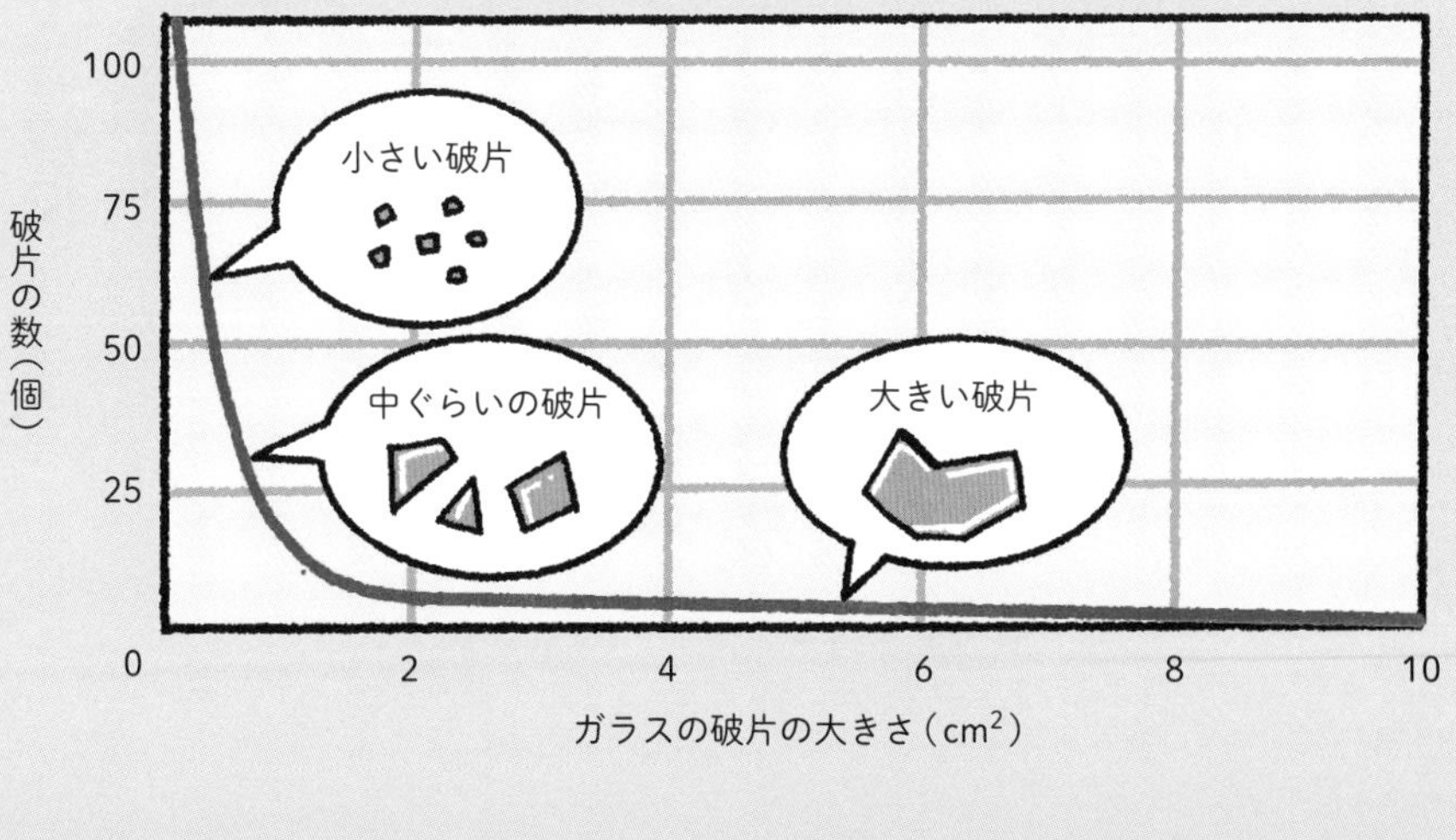

12

惑星の公転周期も、両対数グラフで直線になる

惑星の太陽からの距離と、公転周期の関係

対数グラフは、普通のグラフではわかりにくい関係性を、あきらかにすることができます。たとえば、太陽系の惑星の、太陽からの距離と公転周期の関係です。

太陽系の惑星は、太陽から遠くにあるものほど、公転1周に時間がかかります。**ドイツの天文学者のヨハネス・ケプラー（1572～1630）は、「惑星の公転周期（T）の2乗は、太陽からの距離（r）（※1）の3乗に比例する」という、「ケプラーの第三法則」を発見しました（①）。**

① $T^2 = r^3$

両対数グラフで直線になるのは、「べき関数」

太陽系の惑星の、太陽からの距離と公転周期の関係は、普通のグラフでえがいても直線にはなりません。しかし、両対数グラフでえがくと、直線になります。**両対数グラフで直線になる関数は、②のようにあらわせる、「べき関数」です。このことから、太陽からの距離（r）と公転周期（T）の関係が、べき関数であらわせることがわかります。**①のケプラーの第三法則は、③のように変形できる、べき関数です。対数グラフを使えば、普通のグラフではわかりにくい関係性が、見えるようになるのです。

② $y = x^a$

③ $T = r^{\frac{3}{2}}$

※1：正確には、惑星の楕円軌道における最長の半径である、「軌道長半径」です。

ケプラーの第三法則

太陽系の惑星の、太陽からの距離と公転周期の関係を、両対数グラフでえがきました。グラフは、直線になります。

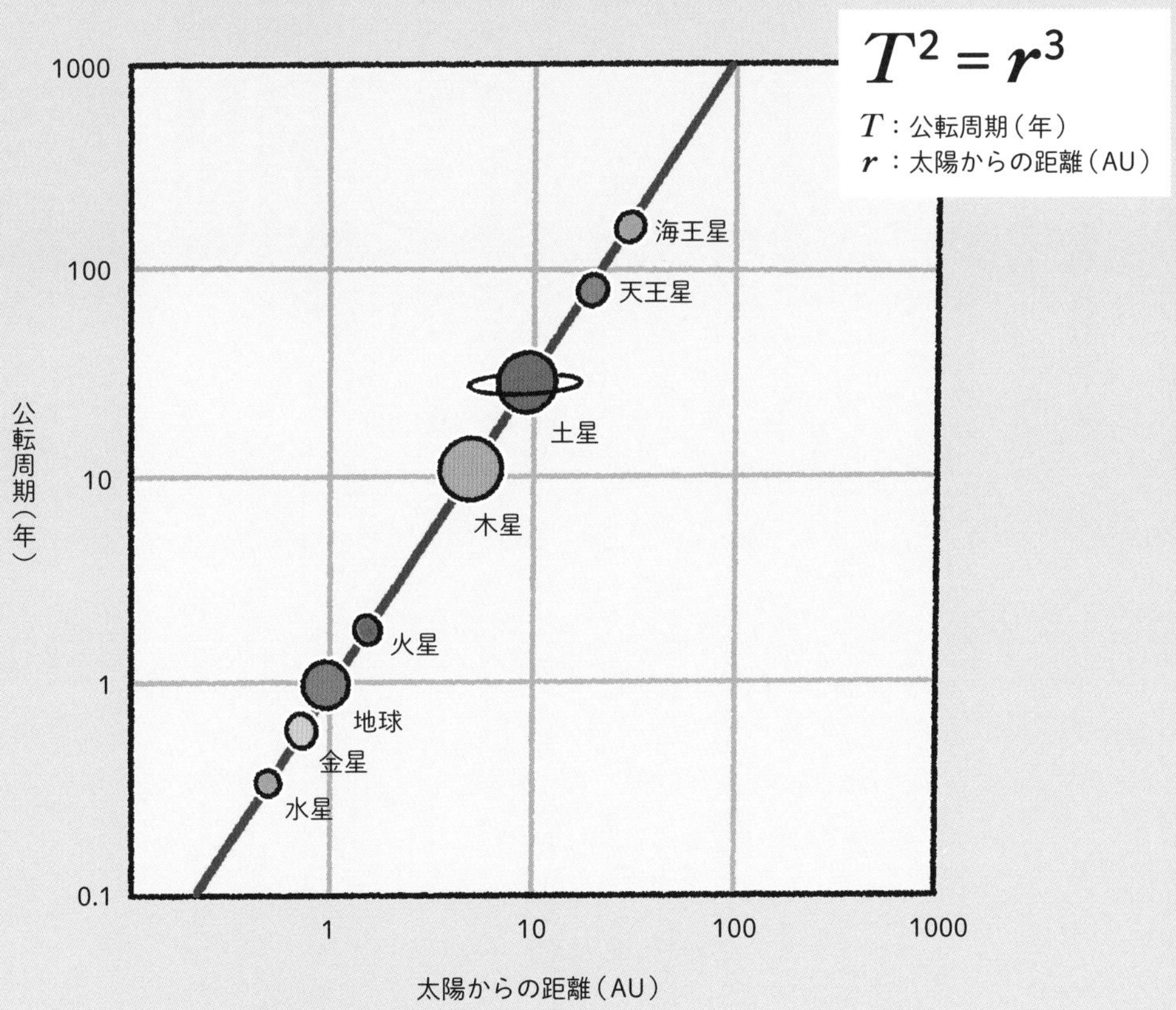

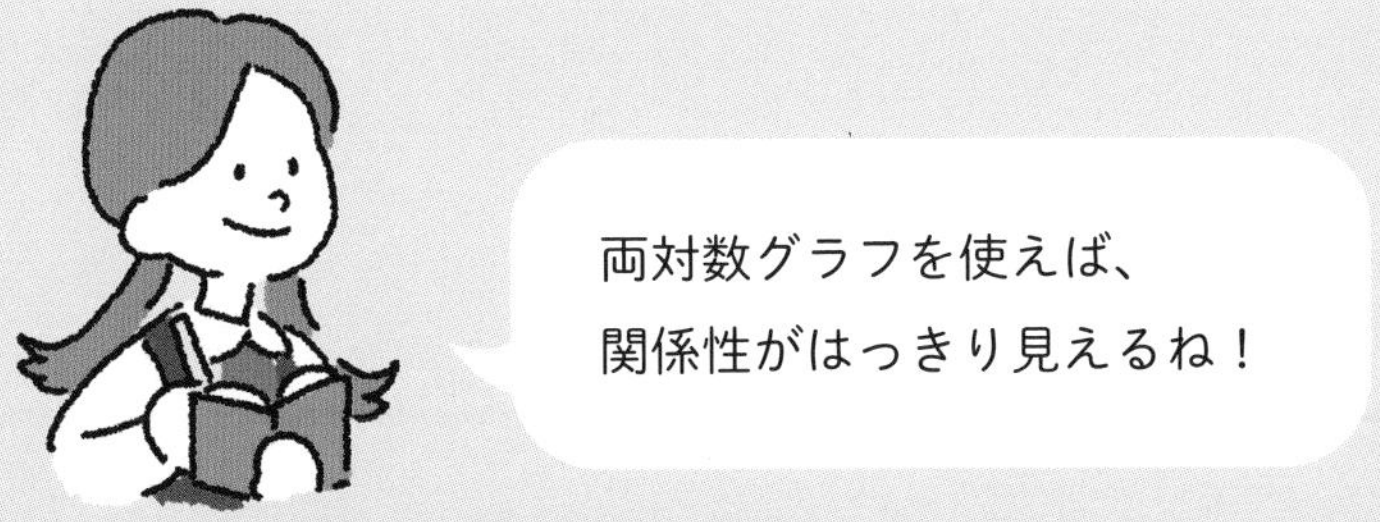

お城で生まれた ジョン・ネイピア

ジョン・ネイピア（1550〜1617）は、1550年にスコットランド（イギリス）のエジンバラの南西にあるマーキストン城で生まれました。ネイピア家は、代々この地を治める貴族の家系で、ジョン・ネイピア自身も、父親の死後、8代目の城主となっています。

ジョン・ネイピアは、1594年に対数を考案し、以後20年にわたり、対数の研究に取り組みました。**さらに、小数点をはじめて用いたことでも知られています。**彼の死後に出版された遺稿の『対数の驚異的一覧表の作成法』で小数点が用いられ、対数とともに世の中に広まりました。

ほかにもジョン・ネイピアは、「ネイピアの骨」とよばれる計算器具を発明しました。これは、かけ算や割り算を簡単に計算するための九九の刻まれた棒です。また、戦闘用馬車に大砲を取りつけた戦車を発案し、国王に進言したこともあったといいます。ジョン・ネイピアは、さまざまな分野で研究を行った発明家でもあったのです。

Column

13

対数を利用した計算尺が、世界を支えた！

東京タワーの設計にも使われた計算尺

ここからは、対数を利用した「計算尺」という道具についてみていきましょう。**計算尺は、対数を利用したアナログ式の計算機であり、まるで魔法のように計算の答えを出してくれる、便利で不思議な道具です。**つい数十年前まで現役の計算機であり、ニューヨークのエンパイア・ステート・ビルもパリのエッフェル塔も、そして東京タワーも計算尺を使って設計されました。さらには、宇宙飛行士も宇宙船に計算尺を持ちこんでいました。

計算尺は対数を利用している

計算尺は、何種類かの目盛りがきざまれた定規のような形をしています。**ただし、目盛りは等間隔ではなく、対数のルールにしたがってつけられています。**一般的な計算尺は、3本の定規を上、真ん中、下と並べたような形をしています。

3本の定規のうち、上の定規と下の定規は固定されており、「固定尺」とよばれます。一方、真ん中の定規は左右にスライドできるようになっており、「滑《かっ》尺《しゃく》」とよばれます。

70ページから、計算尺を見ながら計算をやってみましょう。本書の156～157ページに計算尺のペーパークラフトを掲載していますので、これを組み立てて使うと、きっとより楽しめるはずです。

計算尺

計算尺は、コンピューターや電卓が普及していない1960年代ごろまでは、科学者や技術者の必需品でした。人類初の月面着陸に成功したアポロ11号にも、持ちこまれました。

計算尺の基本的な構造

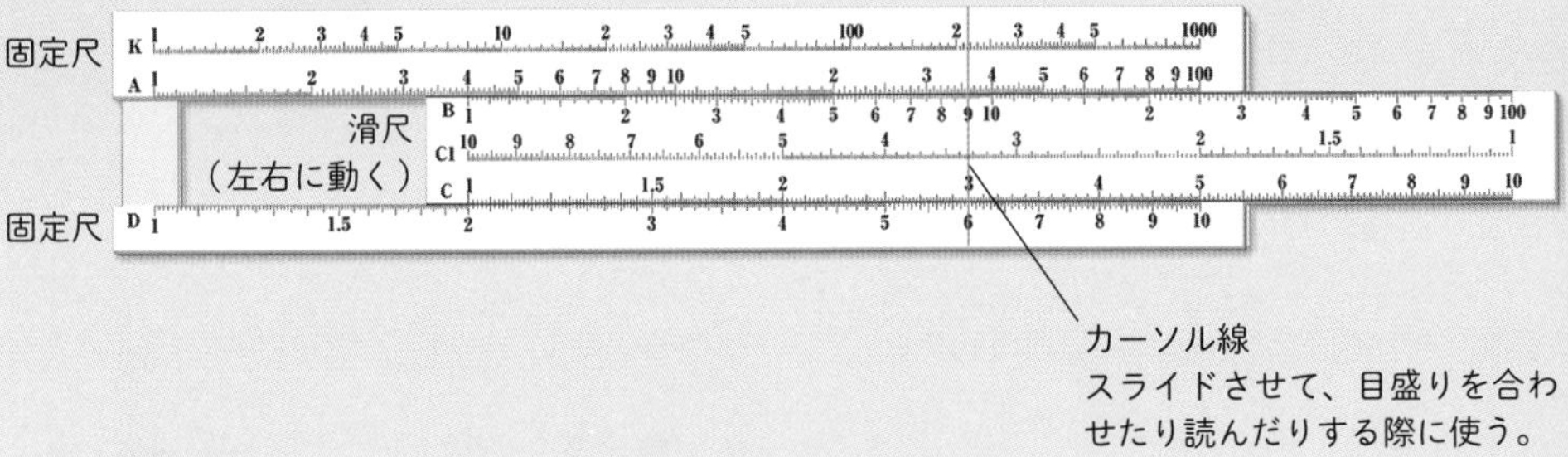

14

計算尺で、「2×3」を計算してみよう！

滑尺を動かして目盛りを読み取る

計算尺についてのくわしい原理を説明する前に、計算尺で2×3のかけ算をしてみましょう。

まず、固定尺の「D尺」の目盛りから「2」を探して、そこに滑尺の「C尺」の左端の「1」を合わせます（イラストⓐ）。次に、もう一方の数である「3」の目盛りの位置をC尺の中から探して、その真下にあるD尺の目盛りを読み取ります（イラストⓑ）。この場合、目盛りの読みは「6」です。これで「2×3」の答えが「6」と求められました。

桁数の多い計算で本領を発揮

2×3であれば、暗算のほうが早いでしょう。しかし計算尺の桁数が多くなってくると、計算尺のほうが圧倒的に早く計算できます。**計算尺は、基本的には滑尺を左右に動かしてスライドさせるだけで、計算の答えを導きだすことができる優れた計算機ということができます。**72〜73ページでは、もう少し複雑な計算をやってみます。

「2×3」の求めかた

まずD尺の目盛りから「2」を探して、そこにC尺の左端の「1」を合わせます。そして「3」の目盛りの位置をC尺の中から探して、その真下にあるD尺の目盛りが答えになります。

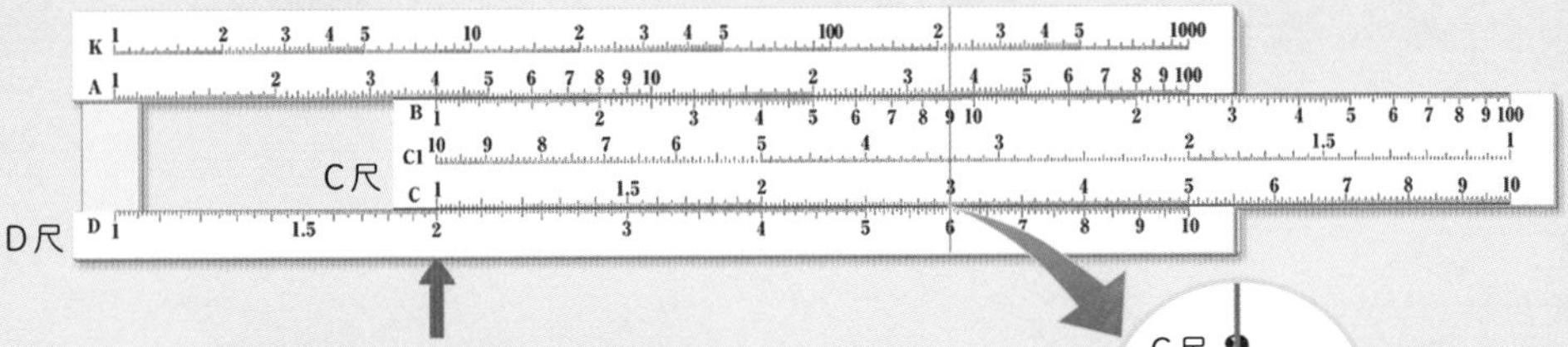

ⓐ2×3のうちの「2」をD尺の中で探し、そこにC尺の左端（「1」の目盛り）をスライドさせます。

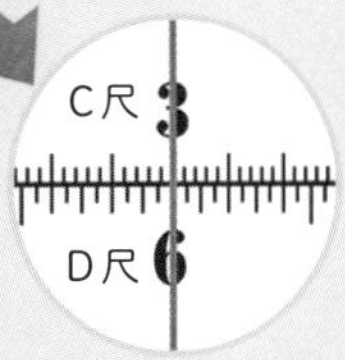

ⓑ2×3のうちの「3」をC尺の中で探し、その真下にあるD尺の値を読み取ります。これが答えです。

答は「6」

目盛りを合わせるだけで、かけ算の答えが出るなんて、不思議だデン！

15 計算尺で、「36×42」を計算してみよう！

36×42を、3.6×4.2とみなす

次に、「36×42」を計算してみましょう。手順は2×3のときとほぼ同じです。**ただし、計算尺の中に、36や42の目盛りがないので、「3.6×4.2」とみなすのがポイントです。**まず、D尺の3.6の位置にC尺の左端の1を合わせます（イラストⓐ）。次に、C尺の4.2の所のD尺の値を読み取ります。しかし、C尺がD尺からはみ出ており、読み取ることができません（イラストⓑ）。これを「目外《めはず》れ」といいます。

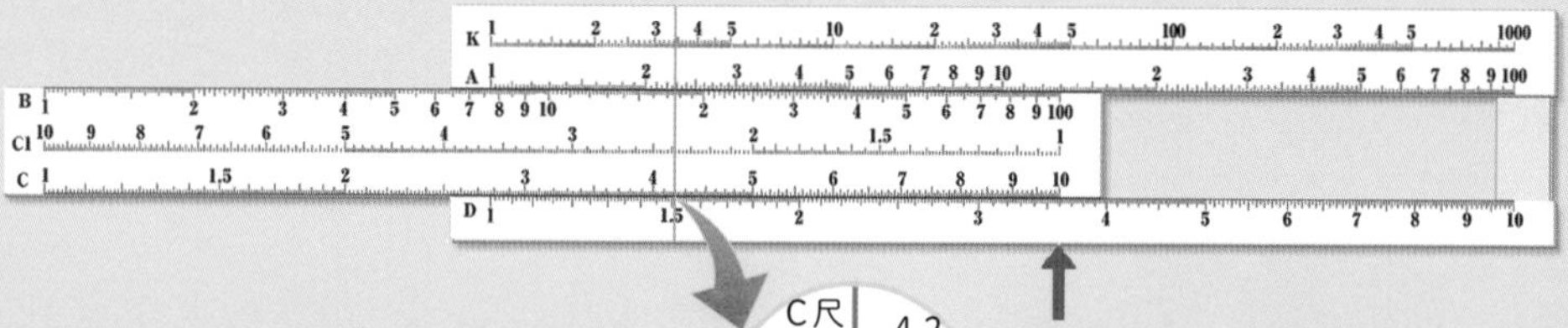

ⓒⓑでうまくいかなかったので最初に戻り、今度はD尺の「3.6」に、C尺の右端（「10」の目盛り）をスライドさせます。

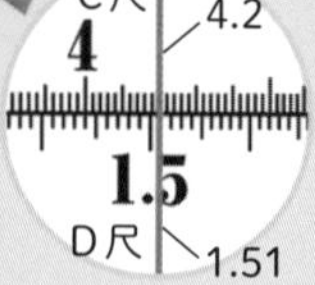

ⓓC尺の「4.2」の真下のD尺の値を読み取ると、「約1.51」。位取りを調整するために、この場合は1.51に1000をかけます。

答えは「約1510」（実際は1512）

滑尺を左側にスライドさせる

そこで最初にもどって、D尺の3.6の位置にC尺の10を合わせます(イラストⓒ)。すると滑尺が左方向に出て、C尺の4.2の所のD尺の目盛りを読み取ることができるようになりました。D尺の目盛りの読みは、約1・51です(イラストⓓ)。そして位取りを調整するために、1・51に1000をかけると答えの約1510となります。

このような計算尺のしくみには、第3章で紹介する対数や指数の法則が深くかかわっています。計算尺のしくみは、対数や指数の法則を紹介したあとの第4章で、くわしく解説します。

「36 × 42」の求めかた

「2 × 3」と同じ手順で計算をしようとすると、「目外れ」となり、計算できません。そこで、イラストⓒⓓのような工夫が必要です。

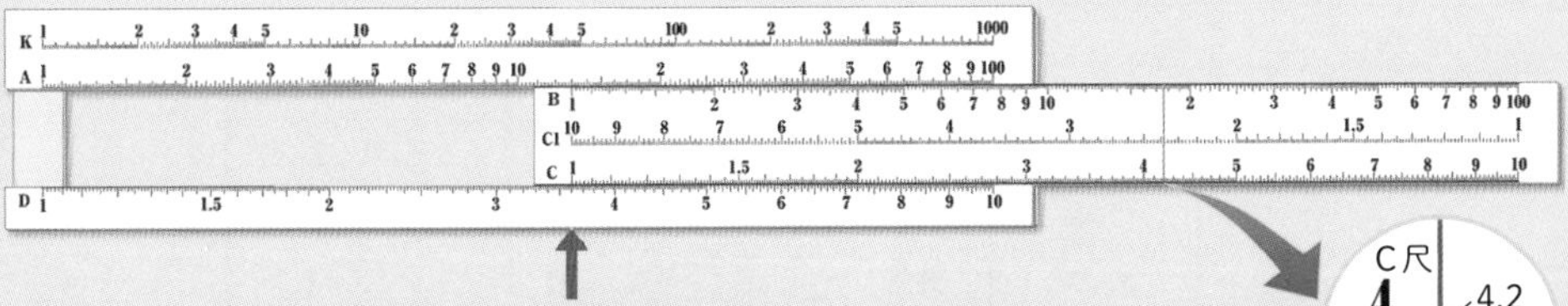

ⓐ36 × 42のうちの「36」を「3.6」とみなしてD尺の中で探し、そこにC尺の左端をスライドさせます。

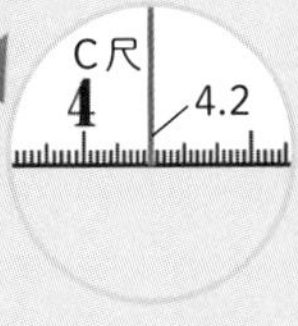

ⓑ36 × 42のうちの「42」を「4.2」とみなしてC尺の中で探し、その真下のD尺の値を読み取ります。しかしD尺からはみ出ており、読めません。

発明家、ネイピア

ネイピア13歳
イギリスの大学に
入学
ネイピア
すぐに退学して
ヨーロッパを
めぐる
21歳で
イギリスにもどり
やがて
城主となった
領地の収穫量を
ふやすため
肥料の開発にも
取り組む
スペインの艦隊が
攻めてくるのを
恐れたネイピア
鏡
軍事兵器の開発も
行った

ネイピアは魔術師

ハトに荒らされた畑
ポ
ポ
またか!! なんとかハトをつかまえられないだろうか?
はっ!! ハトのエサにお酒をまぜてやろう!
すると……
魔術師だ!!

第3章

指数と対数の計算法則

ここからはいよいよ、指数と対数の計算法則の紹介です！　対数を使いこなすための重要法則であり、対数の核心ともいえるものです。全部で六つの法則を一つずつ、やさしく解説していきます！

01

指数の法則1——累乗のかけ算は、足し算で計算

$2^2 \times 2^3$を計算する

ここからは、指数の三つの重要法則を紹介しましょう。まずは、指数法則1です。

たとえば、$2^2 \times 2^3$のような、累乗（同じ数を何回かくりかえしかけたもの）のかけ算を考えてみます。

$2^2 \times 2^3$は、（2×2）×（2×2×2）です。これは2を（2回＋3回）くりかえしかけ算する、ということになります。**つまり、$2^2 \times 2^3$は、2^{2+3}で計算できるのです。これは、かけ算を足し算として計算するということです。**

ただし、$2^2 \times 5^3$のように、くりかえしかけ算する数（この場合は2と5）がことなると、この方法は使えません。

$5^3 \times 5^4$を計算する

左ページのイラストには、$5^3 \times 5^4$の例を紹介しました。先ほどと同じように、$5^3 \times 5^4$は、（5×5×5）×（5×5×5×5）となり、5をくりかえしかけ算する回数は（3回＋4回）です。つまり、下の①となります。

これらを一般式にすると、②とあらわせます。

① $5^3 \times 5^4 = 5^{3+4}$

② $a^p \times a^q = a^{p+q}$

指数法則1

指数法則1の一般式を示しました。また、黒板には、$5^3 \times 5^4$の例を紹介しています。5をくりかえしかけ算する回数を考えると、指数法則1が成り立つことがわかります。

指数法則1

$$a^p \times a^q = a^{p+q}$$

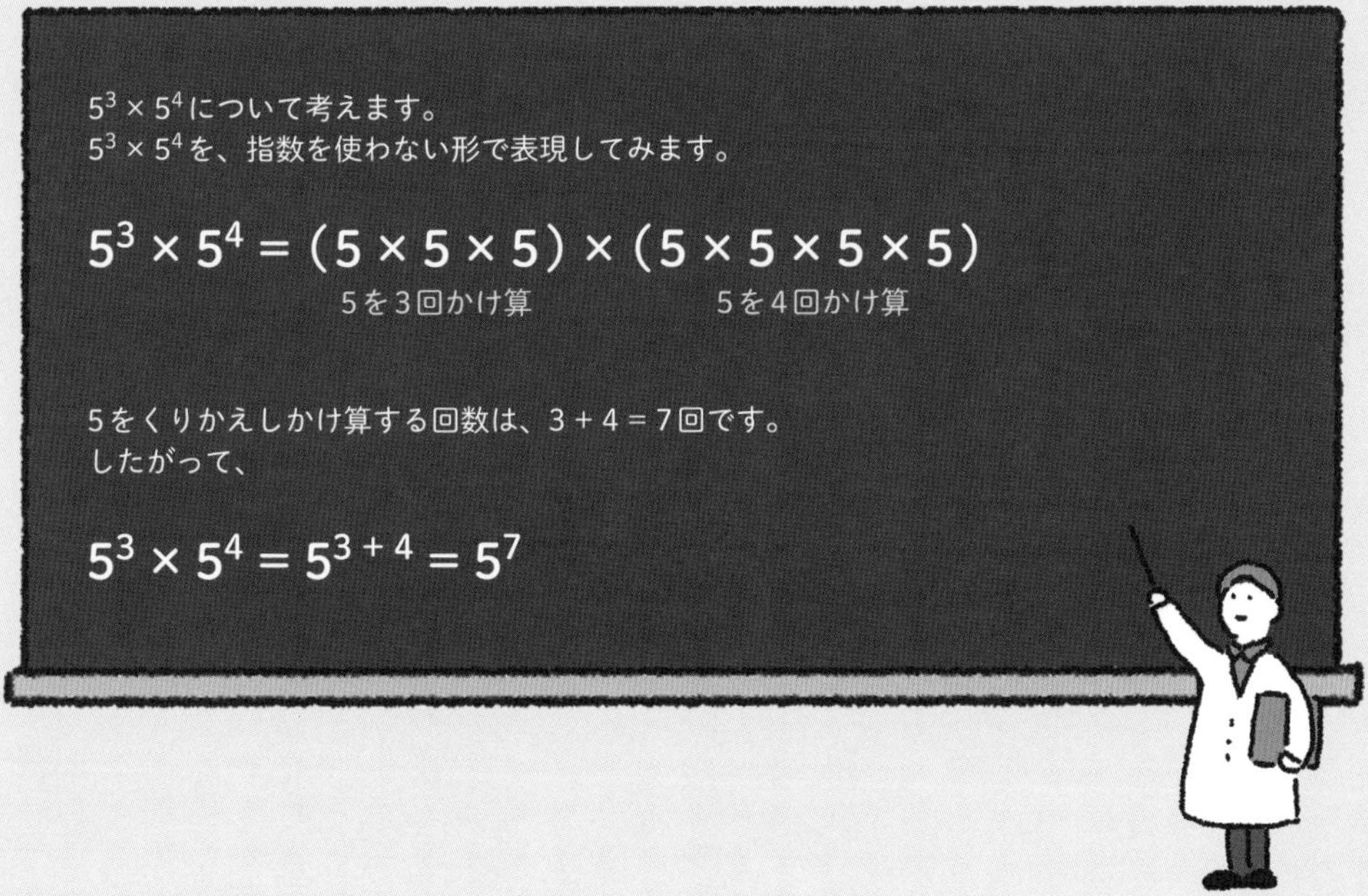

02

指数の法則2―かっこの指数は、指数をかけ算

2の2乗の、3乗を計算する

次は下の①のような、かっこの中と外についた指数について考えてみましょう。

①は、2^2を3回くりかえしかけ算するという意味なので、$2^2 \times 2^2 \times 2^2$です。さらにこれは、$(2 \times 2) \times (2 \times 2) \times (2 \times 2)$とあらわせます。つまり、2を$(2 \times 3)$回くりかえしかけ算するということです。**したがって、②となります。**

①$(2^2)^3$

②$(2^2)^3 = 2^{2 \times 3}$

5の3乗の、4乗を計算する

左のページに、③の場合を紹介しました。③は、$5^3 \times 5^3 \times 5^3 \times 5^3$です。つまり、$(5 \times 5 \times 5) \times (5 \times 5 \times 5) \times (5 \times 5 \times 5) \times (5 \times 5 \times 5)$とあらわせます。これは5を$(3 \times 4)$回くりかえしかけ算するということなので、④となります。

いずれも、かっこの中の指数と外の指数をかけ算していることになります。一般式であらわせば、⑤です。これが、指数法則2です。

③$(5^3)^4$

④$(5^3)^4 = 5^{3 \times 4}$

⑤$(a^p)^q = a^{p \times q}$

指数法則2

指数法則2の一般式を示しました。また、黒板には、$(5^3)^4$の例を紹介しています。5をくりかえしかけ算する回数を考えると、指数法則2が成り立つことがわかります。

指数法則2

$$(a^p)^q = a^{p \times q}$$

$(5^3)^4$について考えます。
$(5^3)^4$は、5^3を4回くりかえしかけ算するという意味です。

$$(5^3)^4 = 5^3 \times 5^3 \times 5^3 \times 5^3$$

$$= (5 \times 5 \times 5) \times (5 \times 5 \times 5) \times (5 \times 5 \times 5) \times (5 \times 5 \times 5)$$

5を3回かけ算　5を3回かけ算　5を3回かけ算　5を3回かけ算

（5を3回かけ算）を4回

5をくりかえしかけ算する回数は、$3 \times 4 = 12$回です。
したがって、

$$(5^3)^4 = 5^{3 \times 4} = 5^{12}$$

03

指数の法則3―かっこの指数は、中身の全部につける

2×3の、4乗を計算する

次は、下の①のような計算を考えてみましょう。①は、2×3を4回くりかえしかけ算するという意味なので、(2×3)×(2×3)×(2×3)×(2×3)となり、(2×2×2×2)×(3×3×3×3)とあらわせます。**つまり、2を4回、3を4回かけ算しているので、②となります。**

① $(2\times3)^4$

② $(2\times3)^4=2^4\times3^4$

5×7の、3乗を計算する

③であれば、(5×7)×(5×7)×(5×7)となり、(5×5×5)×(7×7×7)とあらわせます。よって、④です。**いずれも、かっこの外の指数を、中身のかけ算のそれぞれの数につけていることになります。一般式であらわせば、⑤です。これが指数法則3です。**

78～83ページで紹介した指数法則1～3は、指数の計算で役立つのはもちろんのこと、あとで紹介する対数の法則をみちびきだすためにも必要になります。

③ $(5\times7)^3$

④ $(5\times7)^3=5^3\times7^3$

⑤ $(a\times b)^p=a^p\times b^p$

指数法則3

指数法則3の一般式を示しました。また、黒板には$(5 \times 7)^3$の例を紹介しています。5と7を何回くりかえしかけ算するのかを考えると、指数法則3が成り立つことがわかります。

指数法則3

$$(a \times b)^p = a^p \times b^p$$

$(5 \times 7)^3$について考えます。
$(5 \times 7)^3$は、(5×7)を3回くりかえしかけ算するという意味です。

$$(5 \times 7)^3 = (5 \times 7) \times (5 \times 7) \times (5 \times 7)$$

$$= (5 \times 5 \times 5) \times (7 \times 7 \times 7)$$

5を3回かけ算　7を3回かけ算

5をくりかえしかけ算する回数は、3回です。
7をくりかえしかけ算する回数も、3回です。
したがって、

$$(5 \times 7)^3 = 5^3 \times 7^3$$

博士！教えて!!

0の指数って何？

博士！　10^0っていう数が本に出てきたんです。右上の数はかけ算の回数をあらわすんですよね。10を0回かけ算するってどういうことですか？　10^0は0なんですか？

それを理解するには、下の①という指数法則1をもとに考えるといいぞ。この式の左辺に、a＝10、m＝0、n＝3を入れるとどうなるじゃろうか？

① $a^{m+n} = a^m \times a^n$

えーっと。10^{0+3}ですから、10^3でしょうか。

そのとおり！　では、右辺はどうなるかな？

$10^0 \times 10^3$になります。

あっ、そうか！　**左辺は10^3で、右辺の$10^0 \times 10^3$も10^3になるのだから、10^0＝1ということになりますね！**

②となるので、10^0が1になることがわかる。**aが0以外の自然数のときは、aの0乗はかならず1になる。**　5^0でも8^0でも15^0でも、すべて1になるのじゃよ。

② $10^{0+3} = 10^3 = 10^0 \times 10^3$

Column

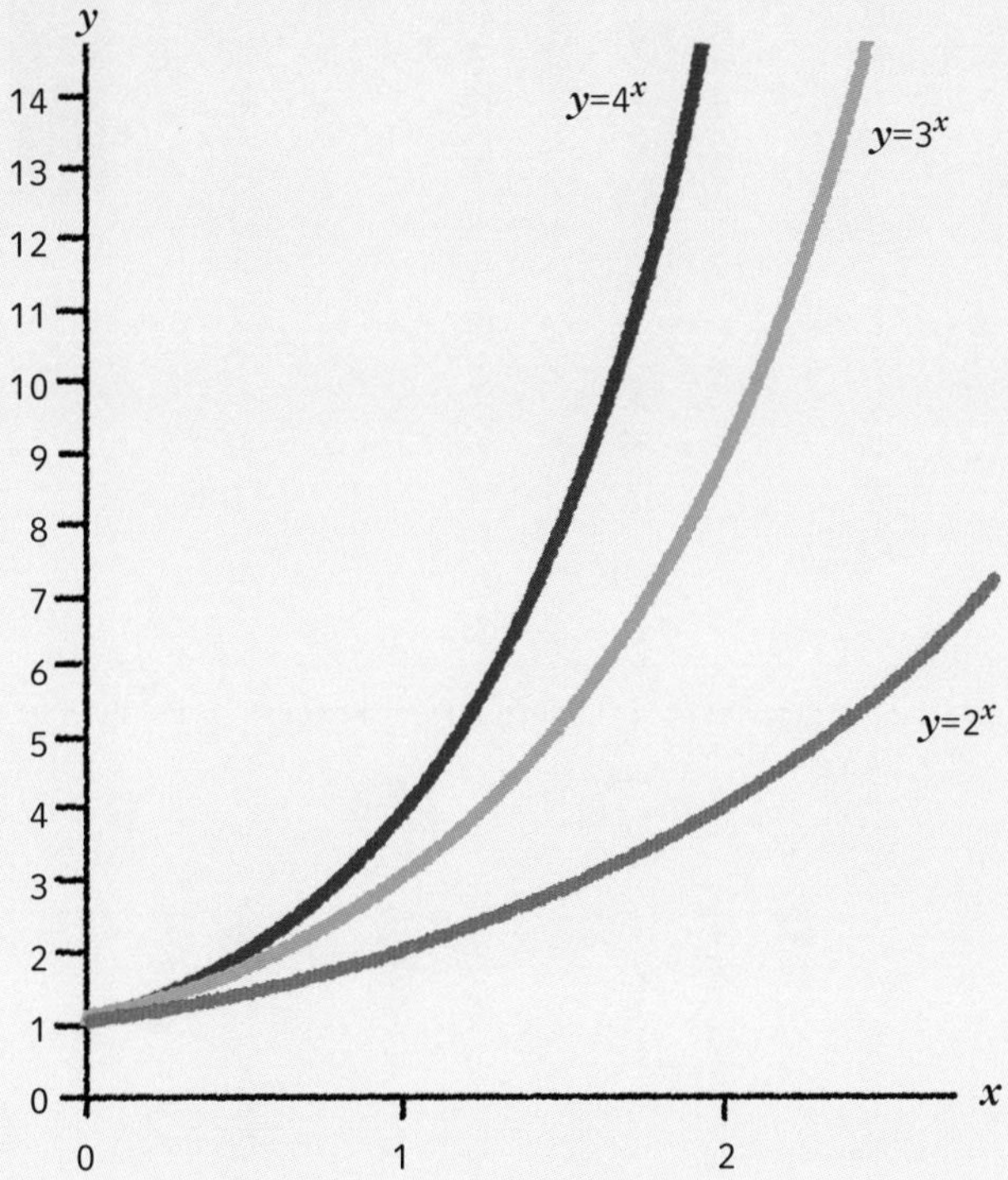

a^0はいつも1となるので、どの指数関数のグラフも、x=0、y=1の点を通ります。

博士！
教えて!!

マイナスの指数を考えよう！

博士！　指数がマイナスのときは、どうなるのでしょうか？

それを知るには、さきほどの「指数がゼロのときはすべて1になる」ということを利用するといいぞ。まずは、10^0を10^{-2+2}として考えてみるんじゃ。

指数の0を、-2＋2とするんですね。

そうじゃ。この10^{-2+2}を指数法則1にあてはめるとどうなるじゃろうか？

えーと、$10^{-2} \times 10^2$になりますね。

正解じゃ！　10^0は1じゃから、①となるじゃろ。**①の両辺を10^2でわると、②となるのじゃ。**

指数がマイナスのときは、分数になるんですね！

そのとおり！　**これを一般式で表すと、③となるんじゃ（nは正の整数）。**

① $10^{-2} \times 10^2 = 1$

② $10^{-2} = \dfrac{1}{10^2}$

③ $a^{-n} = \dfrac{1}{a^n}$

Column

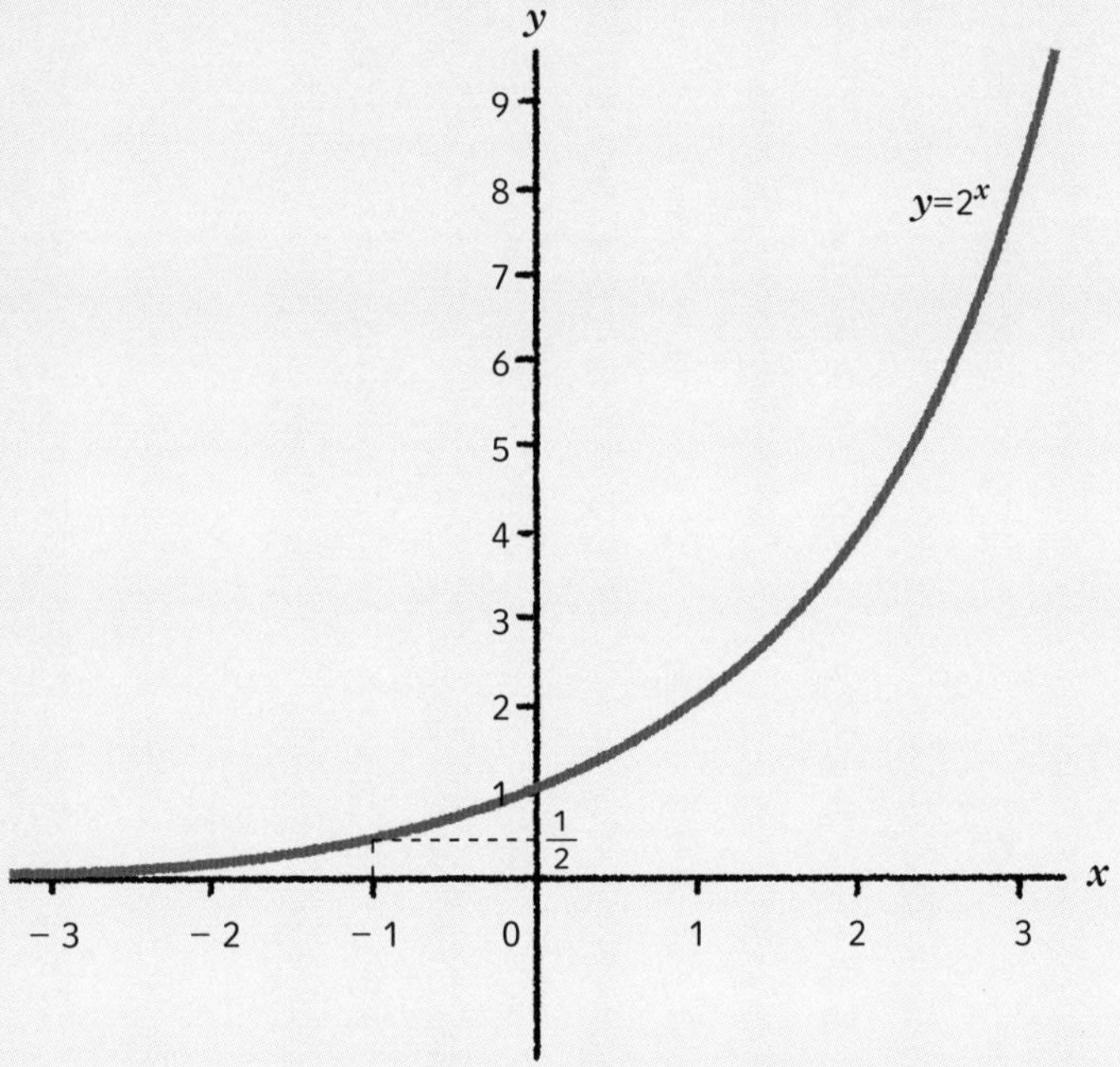

$y = 2^x$のグラフは、xがマイナスの向きに大きくなると、yはどんどん0に近づいていきます。

指数の計算をしてみよう！　Q&A

高校3年生の久保くんと前田くん。放課後、和菓子屋に寄ってお気に入りのまんじゅうを食べています。

久保：この店のまんじゅうなら、いくらでも食べられるな。2倍にできる魔法が使えたらいいのにな。

前田：じゃあ、2倍にできる魔法を5回使えるのと、4倍にできる魔法を3回使えるのとどっちがいい？

久保：そりゃあ魔法を使える回数が多いほうがたくさん食べられるんじゃないのかな。

次の日、お昼休みの教室で、久保くんと前田くんが理科の授業の内容について話をしています。

久保：今日の理科の授業で出てきたバクテリアって分裂して、2倍、2倍にふえていくんだって先生が言ってたね。

前田：数学で習った指数関数のことだね。きっとすごい勢いでふえるんだよ。

久保：今から1時間に1回分裂するとしたら、今日の夜には、何倍くらいになっているのかな？

Q1

まんじゅうを2倍にできる魔法を5回使えるのと、4倍にできる魔法を3回使えるのでは、どちらが得でしょうか？

Q2

1時間に1回分裂して2倍にふえるバクテリアが1個います。12時間後には、およそ何個になるでしょうか？　2^{10} ≒ 1000を使って計算してみましょう。

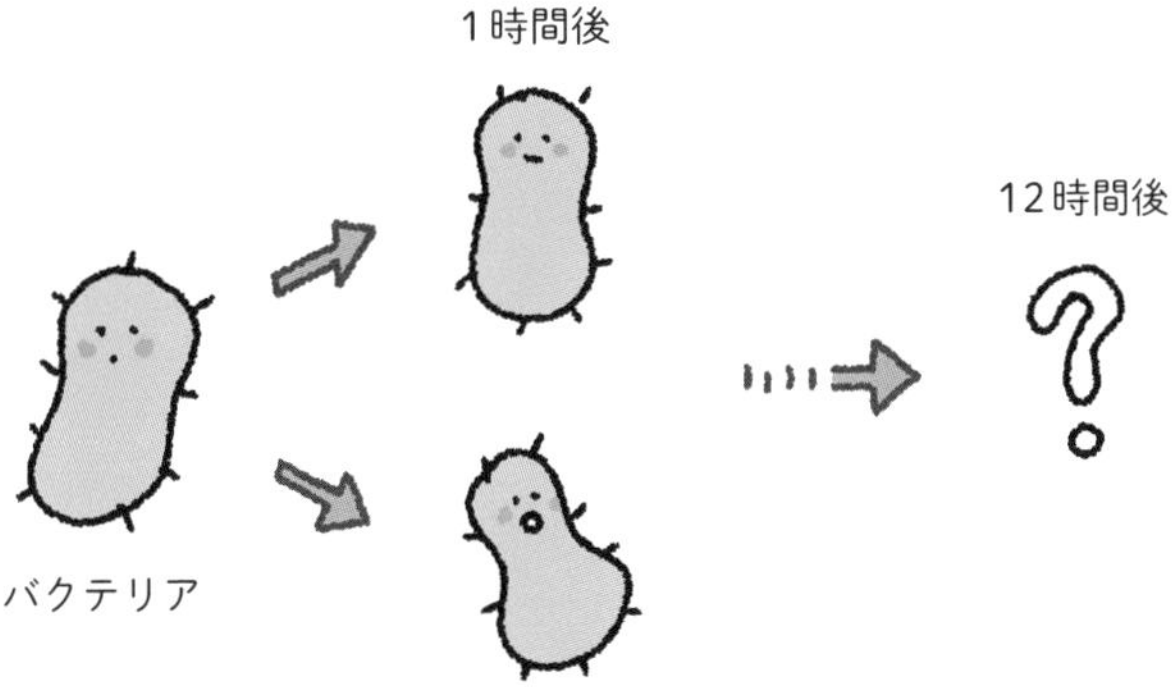

A1

4倍を3回

A2

約4000個

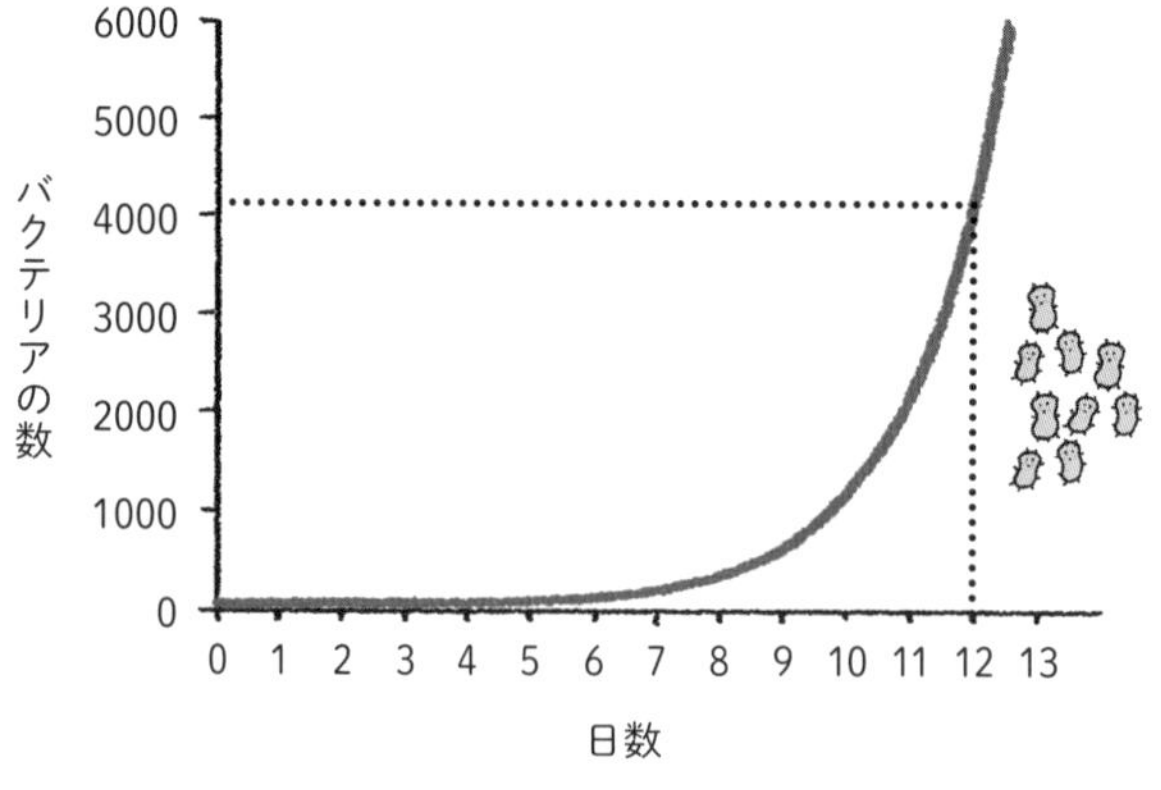

2倍を5回くりかえすということは、「2^5」とあらわせます。一方、4倍を3回くりかえすということは「4^3」です。そのまま計算してもよいのですが、ここで、4を下の①と考えてみましょう。すると、4^3は②となります。指数法則2を使うと、2^6になります。2^5と2^6では、2^6の方が大きいことが、一目瞭然です。

久保：4倍を3回の方が、たくさん食べられるのか！

前田：まぁ、魔法なんて使えるはずないけどね。

①$2 \times 2 = 2^2$

②$(2^2)^3$

バクテリアの数を考えると、1時間後は$2^1=2$倍、2時間後には$2^2=4$倍、3時間後には$2^3=8$倍とふえます。つまり、12時間後のバクテリアの数は2^{12}倍です。指数法則1から、③です。$2^2=4$、$2^{10} \fallingdotseq 1000$なので、$2^{12} \fallingdotseq 4000$となります。よって、12時間後のバクテリアの数は、およそ4000です（実際の数は、4096個）。

久保：まんじゅうもバクテリアみたいにふえたらいいのにな。

前田：またまんじゅうの話かよ！

③$2^{12} = 2^{2+10} = 2^2 \times 2^{10}$

one、ten、hundred…どこまで続く？

54ページでは、日本語の数の桁をあらわす言葉を紹介しました。数の桁をあらわす言葉は当然、英語にもあります。**英語の数の桁をあらわす言葉は、どこまで続くのでしょうか。**

日本語の場合、数の桁をあらわす言葉は、5桁の「万」以降は、4桁ごとに変わります。万の次は9桁の「億」、その次は13桁の「兆」です。**英語の場合、4桁の「thousand」以降は、3桁ごとに変わります。**thousandの次は7桁の「million」、その次は10桁の「billion」、その次は13桁の「trillion」です。

billionの「bi」は2を意味する接頭語、trillionの「tri」は3を意味する接頭語です。16桁の「quadrillion」の「quad」は、4を意味する接頭語です。こうして英語の数の桁をあらわす言葉は、millionに接頭語をつけることで続いていきます。**つまり、接頭語がなくならないかぎり、数の桁をあらわす言葉は、どこまでも続くのです。**

Column

桁をあらわす日本語と英語

日本語	指数表記	十進数表記	英語
一	10^{0}	1	one
十	10^{1}	10	ten
百	10^{2}	100	one hundred
千	10^{3}	1000	one thousand
万	10^{4}	10000	ten thousand
十万	10^{5}	100000	one hundred thousand
百万	10^{6}	1000000	one million
十億	10^{9}	1000000000	one billion
一兆	10^{12}	1000000000000	one trillion
千兆	10^{15}	1000000000000000	one quadrillion
百京	10^{18}	1000000000000000000	one quintillion
十垓	10^{21}	1000000000000000000000	one sextillion

注：現在一般的に 10 億をあらわす billion は、かつては million の 2 乗である 1 兆をあらわす言葉でした。そのため billion は、現在でも国や世代によっては、1 兆をあらわす言葉として使われることがあります。

04

対数の法則1――かけ算を足し算に変換

二つの計算結果が、同じになる

ここからは、ついに対数法則の紹介です。ここから紹介する三つの法則をマスターすれば、対数を思い通りに使いこなせることでしょう。

まずは対数法則1です。10を底とする下の対数①について考えてみます。１００×１０００を計算すると、１０００００＝10^5です。②なので、③となります。

一方、１００＝10^2なので、④です。また、１０００＝10^3なので、⑤です。すると、⑥となります。

かけ算の対数は、対数の足し算になる

③と⑥はともに5であり、⑦が成り立つことがわかります。

これは、偶然ではありません。**これが対数法則1です。一般式にすると、⑧です。**

この法則を使うと、かけ算が足し算の形に変換されます。

① $\log_{10}(100 \times 1000)$

② $\log_{10}10^5 = 5$

③ $\log_{10}(100 \times 1000) = 5$

④ $\log_{10}100 = 2$

⑤ $\log_{10}1000 = 3$

⑥ $\log_{10}100 + \log_{10}1000 = 2 + 3 = 5$

⑦ $\log_{10}(100 \times 1000) = \log_{10}100 + \log_{10}1000$

⑧ $\log_a(M \times N) = \log_a M + \log_a N$

対数法則1

対数法則1の一般式を示しました。黒板では、$\log_{10}(100 \times 1000)$で、対数法則1が成り立つことを示しています。

対数法則1

$$\log_a(M \times N) = \log_a M + \log_a N$$

$\log_{10}(100 \times 1000)$について考えます。
100×1000を計算すると、$100000 = 10^5$です。よって、

$$\log_{10}(100 \times 1000) = \log_{10}10^5 = 5 \cdots\cdots ⓐ$$

一方、$\log_{10}100 = 2$、$\log_{10}1000 = 3$です。つまり、

$$\log_{10}100 + \log_{10}1000 = 5 \cdots\cdots ⓑ$$

したがって、ⓐとⓑより

$$\log_{10}(100 \times 1000) = \log_{10}100 + \log_{10}1000$$

05

対数の法則2――割り算を引き算に変換

二つの計算結果が、同じになる

次に、対数法則2を紹介しましょう。今度は10を底とする下の対数①を考えてみます。

100000÷100を計算すると、1000（＝10^3）です。②なので、③となります。

一方、100000＝10^5なので、④です。また、100＝10^2なので、⑤です。すると、⑥となります。

割り算の対数は、対数の引き算になる

③と⑥はともに3であり、⑦が成り立つことがわかります。

これもまた、偶然の一致ではありません。**これが対数法則2です。一般式にすると、⑧となります。**ここでは、割り算が引き算の形に変換されています。

① $\log_{10}(100000 \div 100)$

② $\log_{10}10^3 = 3$

③ $\log_{10}(100000 \div 100) = 3$

④ $\log_{10}100000 = 5$

⑤ $\log_{10}100 = 2$

⑥ $\log_{10}100000 - \log_{10}100 = 5 - 2 = 3$

⑦ $\log_{10}(100000 \div 100) = \log_{10}100000 - \log_{10}100$

⑧ $\log_a(M \div N) = \log_a M - \log_a N$

対数法則2

対数法則2の一般式を示しました。黒板では、$\log_{10}(100000 \div 100)$で、対数法則2が成り立つことを示しています。

対数法則2

$$\log_a(M \div N) = \log_a M - \log_a N$$

$\log_{10}(100000 \div 100)$について考えます。
$100000 \div 100$を計算すると、$1000 = 10^3$です。よって、

$$\log_{10}(100000 \div 100) = \log_{10}10^3 = 3 \quad \cdots\cdots ⓐ$$

一方、$\log_{10}100000 = 5$、$\log_{10}100 = 2$です。

$$\log_{10}100000 - \log_{10}100 = 3 \quad \cdots\cdots ⓑ$$

したがって、ⓐとⓑより

$$\log_{10}(100000 \div 100) = \log_{10}100000 - \log_{10}100$$

06

対数の法則3――累乗を簡単なかけ算に変換

二つの計算結果が、同じになる

つづいて、対数法則3を紹介しましょう。今度は10を底とする下の対数①について考えます。

まず、①の値を計算してみましょう。100^2を計算すると、10000＝10^4です。②なので、③です。

次に、指数の部分を頭に移動させた④を計算してみましょう。100＝10^2ですから、⑤です。よって、⑥となります。

累乗の対数は、かけ算になる

③と⑥はともに4であり、⑦が成り立つことがわかります。

これも偶然の一致ではありません。**これが、対数法則3です。一般式にすると、⑧となります。** ここでは、k乗というめんどうな累乗の計算が、k倍という簡単なかけ算の形に変換されています。

①$\log_{10}100^2$

②$\log_{10}10^4 = 4$

③$\log_{10}100^2 = 4$

④$2 \times \log_{10}100$

⑤$\log_{10}100 = 2$

⑥$2 \times \log_{10}100 = 2 \times 2 = 4$

⑦$\log_{10}100^2 = 2 \times \log_{10}100$

⑧$\log_a M^k = k \times \log_a M$

対数法則3

対数法則3の一般式を示しました。黒板では、$\log_{10}100^2$で、対数法則3が成り立つことを示しています。

対数法則3

$$\log_a M^k = k \times \log_a M$$

$\log_{10}100^2$について考えます。
100^2は100×100なので、計算すると$10000 = 10^4$です。

$$\log_{10}100^2 = \log_{10}10^4 = 4 \quad \cdots\cdots ⓐ$$

次に、$2 \times \log_{10}100$を考えます。100は10^2なので、

$$\log_{10}100 = \log_{10}10^2 = 2$$

$$2 \times \log_{10}100 = 2 \times 2 = 4 \quad \cdots\cdots ⓑ$$

したがって、ⓐとⓑより

$$\log_{10}100^2 = 2 \times \log_{10}100$$

対数の計算をしてみよう！ Q&A

久保くんと前田くんが、飛行場で話をしています。

久保：飛行機ってすごい音。何デシベル（dB）なんだろう？

前田：なんなの？　デシベルって。

久保：音の大きさの単位だよ。「音圧」（空気の振動の強さ）から、対数を使ってデシベルを計算しているんだ。会話が60デシベルくらい。飛行機は、会話の数百倍～数千倍の音圧らしいよ。

前田：くわしいな。それじゃあ、飛行機は何デシベルなの？

飛行場からの帰り道、久保くんと前田くんは、宝くじ売り場をみつけました。

久保：最近の宝くじって、10億円も当たるんだね。10億円当たんないかな。

前田：それよりもさ、この前の指数の授業で習った米粒を毎日倍にしてもらうみたいに、小遣いを1円からはじめて毎日倍にしてもらえばいいんじゃない？

久保：それいいね。何日で10億円になるのかな？

Q1

音は、音圧が10倍になるごとに、20デシベル上がります。飛行機の音圧が、60デシベルの会話の2000倍だとすると、飛行機の音の大きさ（デシベル）は、60 + 20 × $\log_{10}2000$で計算できます。このときの飛行機の音圧は何デシベルでしょうか？　$\log_{10}2 \fallingdotseq 0.301$を使って計算してみましょう！

Q2

初日に1円、2日目に2円、3日目に4円と、おこづかいが倍々にふえていくとき、10億円をもらえるのは何日後でしょうか？　$\log_{2}5 \fallingdotseq 2.32$を使って計算してみましょう！

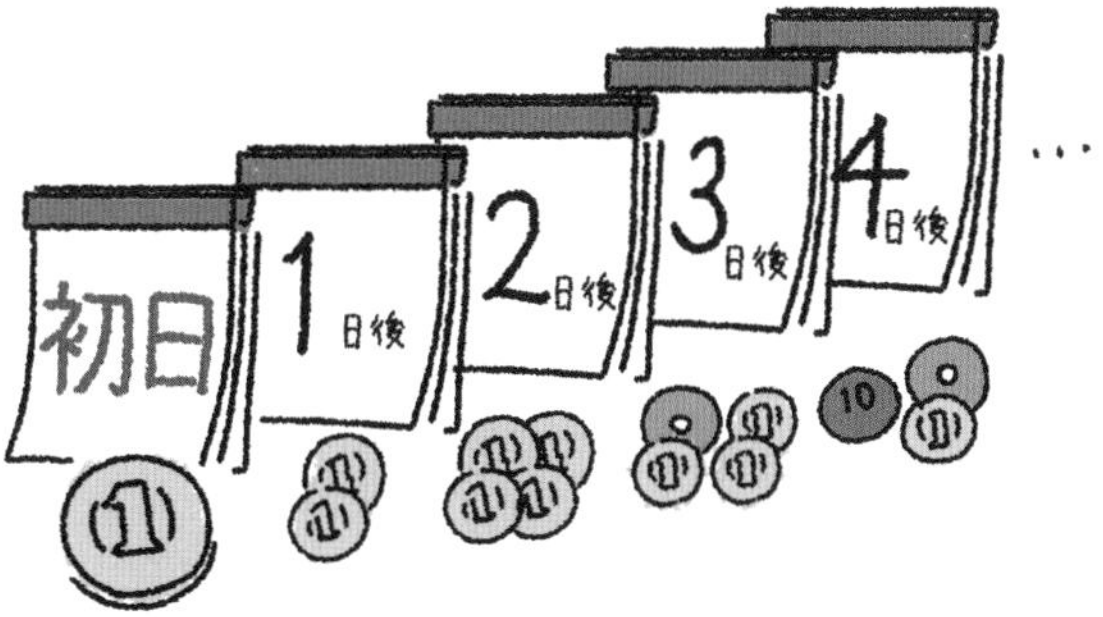

対数の計算の答え Q&A

A1

およそ126デシベル

A2

30日後

飛行機の音の大きさ（デシベル）は、①です。②は、対数法則1によって、③となります。また、④なので、③は⑤となります。これを①に当てはめると、飛行機の音は、およそ126デシベルになります。

前田：ゴーーーーーーーーーーーーーー2000倍も音圧のちがう音が聞こえるってすごいな！

久保：何か言った？　飛行機がうるさくて全然聞こえないよ。

① $60 + 20 \times \log_{10} 2000$

② $\log_{10} 2000$

③ $\log_{10} 2000$
$= \log_{10}(2 \times 1000)$
$= \log_{10} 2 + \log_{10} 1000$

④ $\log_{10} 2 \fallingdotseq 0.301$、
$\log_{10} 1000 = 3$

⑤ $\log_{10} 2000$
$\fallingdotseq 0.301 + 3 = 3.301$

「10億は2を何回かけ算した数か」ということなので、⑥という対数の計算になります。⑦は、対数法則3によって、⑧となります。さらに⑧は、対数法則1によって、⑨となります。⑩なので、⑨は⑪となります。つまり10億円をもらえるのは30日後ということです。

久保：30日くらいなら、余裕で待てるよ！

⑥ $\log_2 1000000000 = \log_2 10^9$

⑦ $\log_2 10^9$

⑧ $\log_2 10^9 = 9 \times \log_2 10$

⑨ $9 \times \log_2 10$
$= 9 \times (\log_2 2 + \log_2 5)$

⑩ $\log_2 2 = 1$、$\log_2 5 \fallingdotseq 2.32$

⑪ $9 \times \log_2 10 \fallingdotseq 9 \times (1 + 2.32)$
$\fallingdotseq 29.9$

パソコンのログとは？

パソコンを使っていると、「ログイン」や、単に「ログ」といった言葉を目にすると思います。この「ログ」とは、記録や履歴のことを指します。対数のlogと関係あるのでしょうか。

記録や履歴をログというのは、船の速度を記した航海日誌を「ログブック」とよんだことに由来します。ログにはもともと「丸太」の意味があり、船の速度を測るのにかつて丸太が使われていたのです。丸太を船の斜め前方に投げ入れ、丸太が船首から船尾まで到達する時間を計測し、その時間と船のサイズから速度を計算していました。のちに、航空日誌も「ログブック」よばれ、さらにコンピューター用語としてもログが用いられました。日記形式のウェブサイト「ブログ」は、ウェブ上の記録という意味の「ウェブログ」を省略した言葉です。

一方、対数のlogはlogarithmという英語を省略したものです。ギリシア語の比を意味する「logos」と、数を意味する「arithmos」を組み合わせてネイピアが考えたといわれています。パソコンのログとは由来がことなるのです。

Column

第4章

計算尺と対数表を使って計算しよう！

第4章では、対数を使って、いろいろな計算に挑戦してみましょう！　まずは、第2章で登場した計算尺のことを、思い出してください。計算尺は、いったいどんなしくみで、計算の答えをだしていたのでしょうか。また、複雑な計算を精度よく、簡単にこなすことのできる「常用対数表」を利用した計算法も紹介します！

01

対数目盛りが、計算尺のカギだった！

計算尺の目盛りは、「対数目盛り」

第2章の68～73ページで紹介した計算尺を思い出してみてください。いったいどうやって答えを出していたのでしょうか。指数や対数の法則を利用して、計算尺で計算を簡略化できるしくみを考えていきましょう。まずは、計算尺の目盛りをよくみてください。

計算尺の目盛りは、目盛りが等間隔ではありません。「対数目盛り」とよばれるものです。これは、原点からそれぞれの目盛りまでの距離が、対数の値となっているものです。

対数目盛りの間隔は、対数の値になっている

対数目盛りでは、原点の目盛りが1です（左のイラストを参照）。0ではないので注意しましょう。そして、目盛り1から目盛り2までの距離が下の①、目盛り1から目盛り3までの距離が②、目盛り1から目盛り4までの距離が③、目盛り1から目盛り5までの距離が④……というふうに、目盛りがふってあります。この対数目盛りこそ、計算尺のしくみを読み解くカギです。

①$\log_{10}2$

②$\log_{10}3$

③$\log_{10}4$

④$\log_{10}5$

計算尺の対数目盛り

計算尺の目盛りは、対数目盛りです。たとえば、計算尺の「2」の目盛りは、原点（1）から$\log_{10}2$（≒ 0.3010）はなれた場所にふられています。

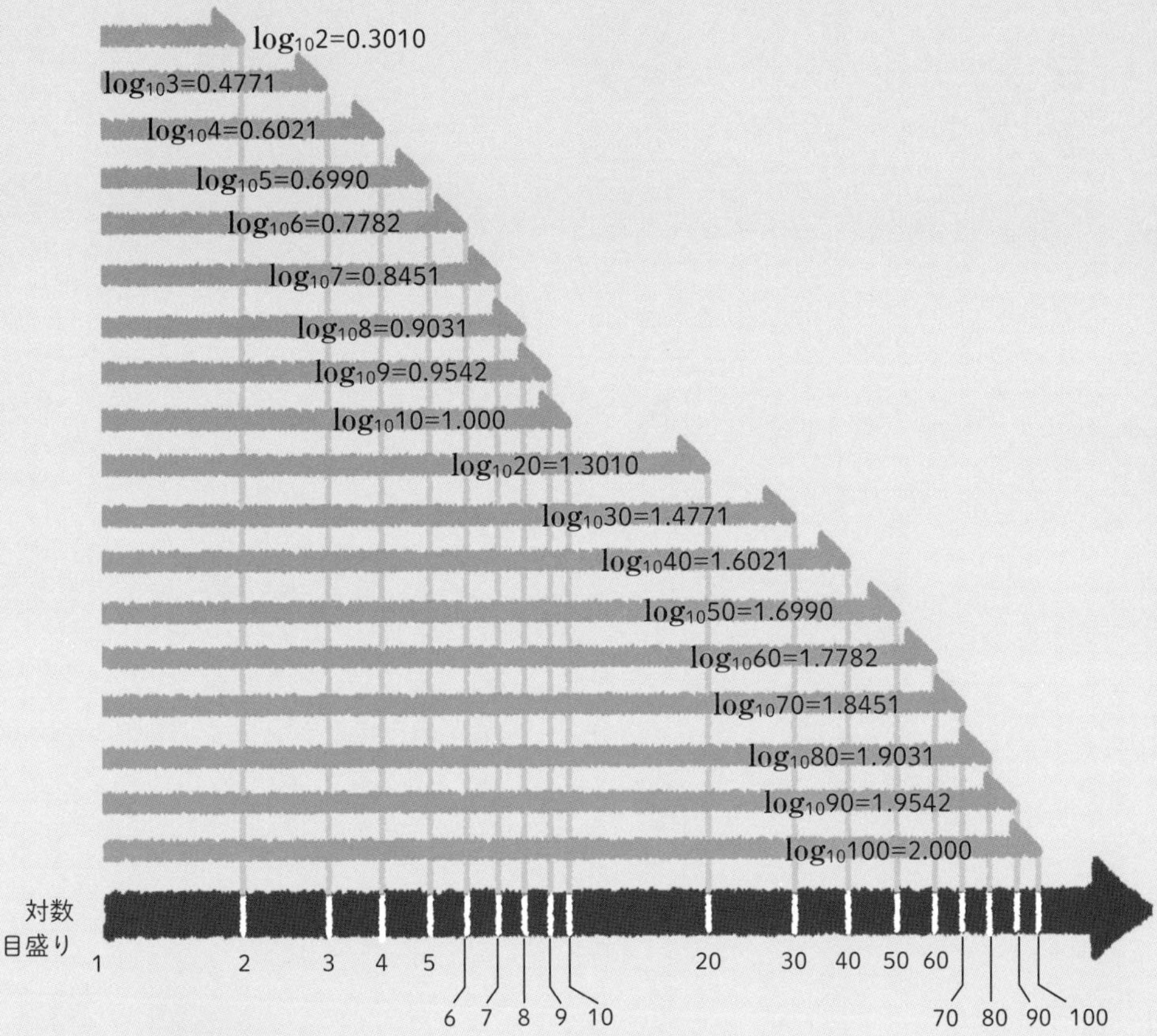

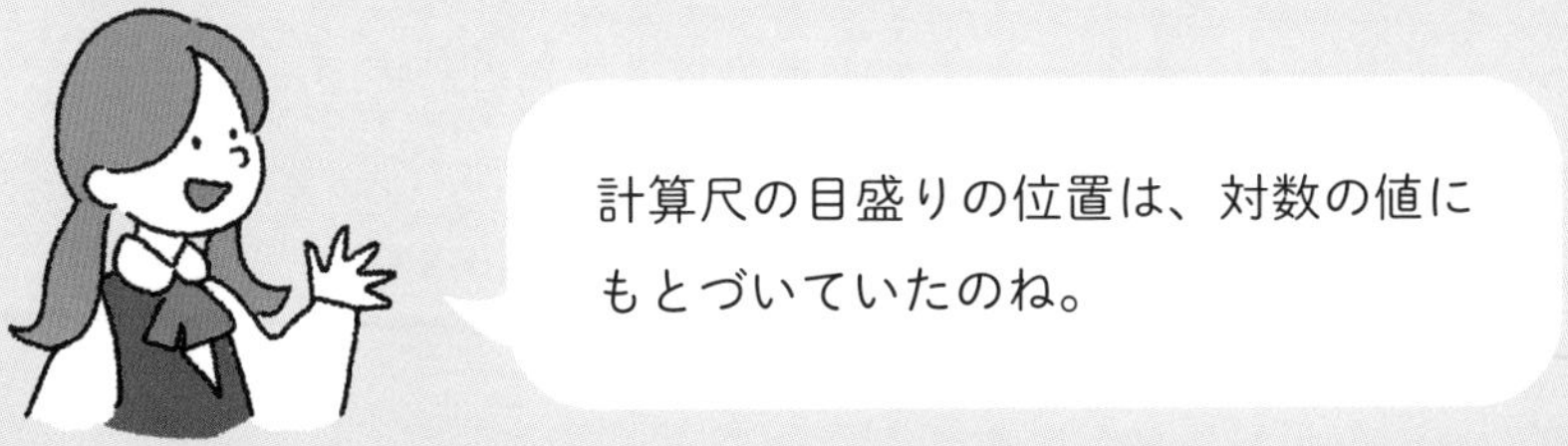

02

計算尺のしくみ――2×3の計算

かけ算の対数を、対数の足し算に変換

ここでは、70〜71ページで紹介した「2×3」を計算尺で計算できるしくみを考えてみましょう。

最初に、2×3を、下の①という対数の形にします。対数法則1により、②です。「2×3」のかけ算が足し算に変換されています。ここで、③だとしましょう。すると、2×3＝□となります。**計算尺は、この□の数を求めることで、計算の答えをみちびきだすのです。**

① $\log_{10}(2\times3)$

② $\log_{10}(2\times3)=\log_{10}2+\log_{10}3$

③ $\log_{10}(2\times3)=\log_{10}2+\log_{10}3=\log_{10}\square$

計算尺で、対数の足し算をする

計算尺（左上のイラスト）を使った計算では、まずD尺の中に、「2」の目盛りを探します。対数目盛りなので、原点「1」からの距離は④です。次にC尺の原点「1」をD尺の「2」に合わせ、「3」の目盛りをC尺の中に探します。この作業は、D尺の④とC尺の⑤を足し算することにあたります。

④ $\log_{10}2$　　⑤ $\log_{10}3$

そして、C尺の「3」の位置の真下にきているD尺の目盛り「6」を読みます。**この作業は③の、□の数を読み取っていることと同じです。**これにより、□＝6とわかります。つまり、この6が2×3の計算の答えです。

計算尺で2×3を計算

計算尺では、D尺の「2」の目盛りにC尺の原点1を合わせ、C尺の「3」の目盛りの真下にあるD尺の値を読み取ります。「6」が答えです。

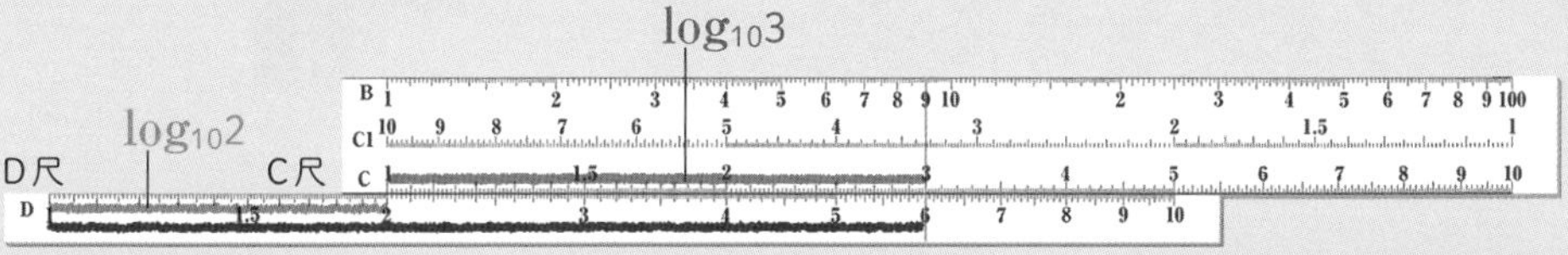

$\log_{10}(2\times3)$を考えます。対数法則1より、

$$\log_{10}(2\times3)=\log_{10}2+\log_{10}3\cdots\cdots ⓐ$$

D尺の「2」の目盛りにC尺の「1」を合わせると、

桃色の線の長さ＝$\log_{10}2$

グレーの線の長さ＝$\log_{10}3$

したがって、

黒い線の長さ＝桃色の線の長さ＋グレーの線の長さ

＝$\log_{10}2+\log_{10}3\cdots\cdots$ⓑ

一方、D尺から数値を読み取ると、

黒い線の長さ＝$\log_{10}6\cdots\cdots$ⓒ

ⓑとⓒは等しいので、

$$\log_{10}2+\log_{10}3=\log_{10}6$$

この式とⓐより、

$$\log_{10}(2\times3)=\log_{10}6$$

両辺の真数を見くらべると、2×3=6であることがわかります。

03

計算尺のしくみ―36×42の計算①

かけ算の対数を、対数の足し算に変換

つづいて、72〜73ページで取り上げた、計算尺で「36×42」を計算できるしくみを考えましょう。**まず、計算尺のC尺とD尺の目盛りは「1〜10」の範囲なので、それに合わせて36と42をそれぞれ$\frac{1}{10}$の3.6と4.2とみなします。**そして、3.6×4.2を下の①と、対数の形にします。次に、対数法則1により、②と変形します。ここで、先ほどの2×3と同じように、D尺の「3.6」にC尺の「1」を合わせ、そのときのC尺の「4.2」の目盛りを探します（左上のイラスト）。そして、その下のD尺の目盛りを読みます。

①$\log_{10}(3.6 \times 4.2)$

②$\log_{10}(3.6 \times 4.2) = \log_{10}3.6 + \log_{10}4.2$

対数の足し算が、D尺の範囲をこえる

ところが、C尺の「4.2」の下には、D尺の目盛りがありません。**つまり、左のイラストのように、③の長さがD尺の範囲をこえてしまっているのです。これは、目外れという失敗です。**

③$\log_{10}3.6 + \log_{10}4.2$

計算尺で36 × 42を計算①

計算尺では、D尺の「3.6」の目盛りにC尺の原点「1」を合わせ、C尺の「4.2」の真下にあるD尺の値を読み取ります。ここでは読み取ることができないため失敗です。

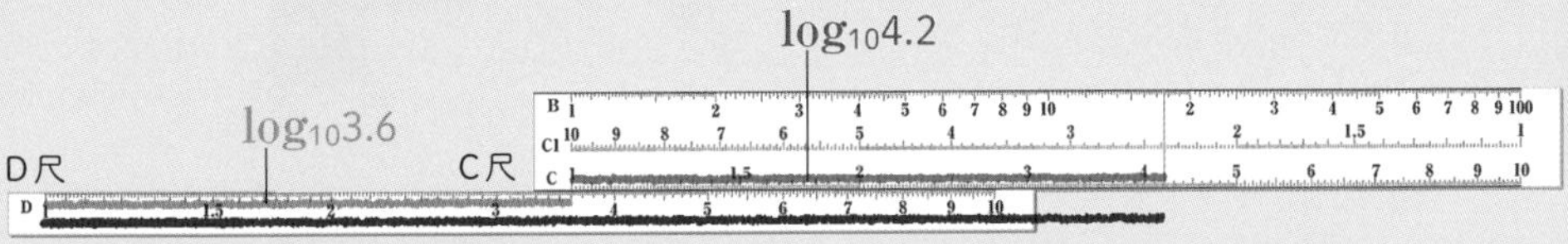

$\log_{10}(3.6 \times 4.2)$を考えます。対数法則1より、

$$\log_{10}(3.6 \times 4.2) = \log_{10}3.6 + \log_{10}4.2$$

D尺の「3.6」の目盛りにC尺の「1」を合わせると、

桃色の線の長さ $= \log_{10}3.6$

グレーの線の長さ $= \log_{10}4.2$

したがって、

黒い線の長さ＝桃色の線の長さ＋グレーの線の長さ

$$= \log_{10}3.6 + \log_{10}4.2$$

ところが、$\log_{10}3.6 + \log_{10}4.2$の長さは、D尺からは読みとれません。

目外れによる失敗!!

04

計算尺のしくみ—36×42の計算②

割り算の対数を、対数の引き算に変換

112～113ページでは、36×42を3.6×4.2としましたが、目外れで失敗ました。そこで、**さらに10で割り、3.6×4.2÷10で考えます。**

まず、下の①の形にします。対数法則1と2より、②です。さらに、

① $\log_{10}(3.6 \times 4.2 \div 10)$

② $\log_{10}(3.6 \times 4.2 \div 10)$

$= \log_{10}3.6 + \log_{10}4.2 - \log_{10}10$

③ $\log_{10}3.6 - (\log_{10}10 - \log_{10}4.2)$

④ $\log_{10}(3.6 \times 4.2 \div 10)$

$= \log_{10}3.6 - (\log_{10}10 - \log_{10}4.2) = \log_{10}\square$

この式は、③と変形できます。ここで、④だとしましょう。すると、3.6×4.2÷10＝□となります。この□を計算尺で求めます。

計算尺で、対数の引き算をする

計算尺（左上のイラスト）では、C尺の「10」の目盛りをD尺の「3.6」の目盛りに合わせ、C尺の中で「4.2」の目盛りを探します。C尺の「10」と「4.2」の目盛りの距離は、⑤です。つまり、今行った作業は、③にあたります。その結果、C尺の「4.2」の目盛りの真下にあるD尺の値は、おおよそ「1・51」と読み取れます。**これは④の、□の数を読み取ることと同じです。**これより□≒1・51とわかります。3.6×4.2÷10≒1・51なので、36×42の答えが「約1510」とわかるのです。

⑤ $\log_{10}10 - \log_{10}4.2$

計算尺で36 × 42を計算②

計算尺では、D尺の「3.6」の目盛りにC尺の「10」の目盛りを合わせ、C尺の「4.2」の目盛りの真下にあるD尺の値「約1.51」を読み取ります。桁数を調整し、「約1510」が答えです。

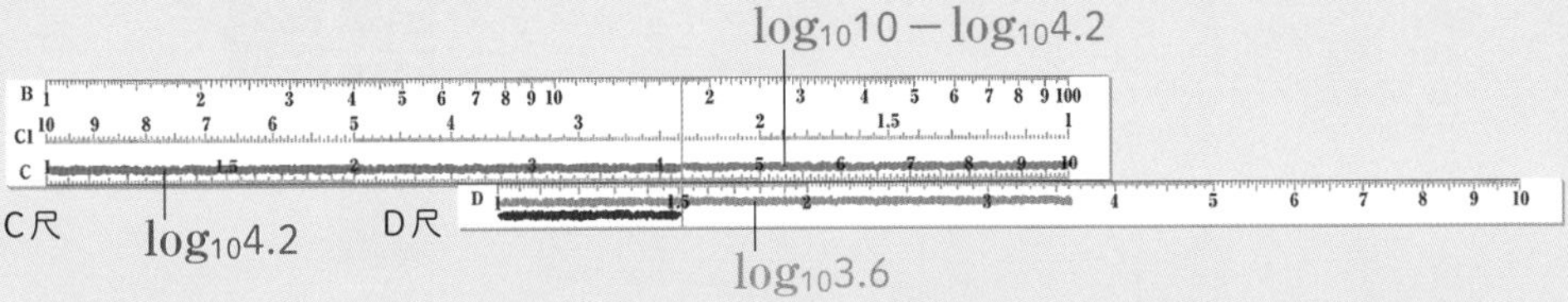

$\log_{10}(3.6\times4.2\div10)$を考えます。対数法則1と2より、

$$\log_{10}(3.6\times4.2\div10)=\log_{10}3.6+\log_{10}4.2-\log_{10}10$$
$$=\log_{10}3.6-(\log_{10}10-\log_{10}4.2)\ \cdots\cdots ⓐ$$

D尺の「3.6」の目盛りにC尺の「10」を合わせると、

桃色の線の長さ＝$\log_{10}3.6$

グレーの線の長さ＝$\log_{10}4.2$

また、ピンクの線の長さは、C尺全体（$\log_{10}10$）からグレーの線を引いた値なので、

ピンクの線の長さ＝$\log_{10}10-\log_{10}4.2$

よって、

黒い線の長さ＝桃色の線の長さ－ピンクの線の長さ

$$=\log_{10}3.6-(\log_{10}10-\log_{10}4.2)\ \cdots\cdots ⓑ$$

一方、D尺から数値を読み取ると、

黒い線の長さ＝$\log_{10}1.51$……ⓒ

ⓐⓑⓒより、

$$\log_{10}(3.6\times4.2\div10)\fallingdotseq\log_{10}1.51$$

真数部分を比較すると、

$$3.6\times4.2\div10\fallingdotseq1.51$$

したがって、この式の両辺に1000をかけて、$36\times42\fallingdotseq1510$であることがわかります。

こんな映画に計算尺が登場！

計算尺は、つい40～50年前まで、科学者や技術者の必需品でした。**そのため、当時の科学者・技術者をえがいた映画の中には、計算尺がたびたび登場します。**

たとえば、有人月飛行のようすをえがいた映画『アポロ13』（１９９５年公開）では、スペースシャトルの軌道を計算するために、計算尺が用いられています。また、スタジオジブリの『風立ちぬ』（２０１３年公開）では、飛行機の設計のために使用されました。そのほか、リチャード・ギア主演の青春映画『愛と青春の旅だち』（１９８２年公開）や、豪華客船の沈没事故をえがいた『タイタニック』（１９９７年公開）など、数多くの映画に計算尺は登場します。

映画に登場するほど、計算尺は頻繁に利用されるツールだったわけです。**しかし現在では、パソコンやスマートフォンが計算尺にとってかわり、実際に使っている人はほとんどいません。**

Column

05

常用対数表を使えば、むずかしい計算も簡単に

常用対数表とは、10を底とする対数の一覧表

対数を利用した計算の簡略化は、「常用対数表」を使って行うこともできます。**常用対数表とは、10を底とする対数の一覧表です（左の表）。**まずは実際に、左の表から、下の①の値を探してみましょう。

① $\log_{10}1.31$

常用対数表を使えば、計算の誤差を小さくできる

はじめに、表の左端の列から、1.31の小数第1位までの値「1.3」を探します。次に、上端の行から、1.31の小数第2位の値「1」を探します。この1.3の列と、1の行が交差する部分の数「0.1173」が、①の値です。

つまり、真数の「整数部分と小数第1位」の値を左端から、真数の「小数第2位」の値を上端から探し、両者の交差する部分の数を読み取れば、その真数に対する常用対数の値を知ることができます。

桁数の多い常用対数表を使えば、一般的な計算尺よりも、計算結果の誤差を小さくすることができます。120ページから、常用対数表を使って、複雑なかけ算をやってみましょう。

常用対数表

ピンクのワクは$\log_{10}1.31$の値を示しています。

数	0	1	2	3	4	5	6	7	8	9
1.0	0.0000	0.0043	0.0086	0.0128	0.0170	0.0212	0.0253	0.0294	0.0334	0.0374
1.1	0.0414	0.0453	0.0492	0.0531	0.0569	0.0607	0.0645	0.0682	0.0719	0.0755
1.2	0.0792	0.0828	0.0864	0.0899	0.0934	0.0969	0.1004	0.1038	0.1072	0.1106
1.3	0.1139	0.1173	0.1206	0.1239	0.1271	0.1303	0.1335	0.1367	0.1399	0.1430
1.4	0.1461	0.1492	0.1523	0.1553	0.1584	0.1614	0.1644	0.1673	0.1703	0.1732
1.5	0.1761	0.1790	0.1818	0.1847	0.1875	0.1903	0.1931	0.1959	0.1987	0.2014
1.6	0.2041	0.2068	0.2095	0.2122	0.2148	0.2175	0.2201	0.2227	0.2253	0.2279
1.7	0.2304	0.2330	0.2355	0.2380	0.2405	0.2430	0.2455	0.2480	0.2504	0.2529
1.8	0.2553	0.2577	0.2601	0.2625	0.2648	0.2672	0.2695	0.2718	0.2742	0.2765
1.9	0.2788	0.2810	0.2833	0.2856	0.2878	0.2900	0.2923	0.2945	0.2967	0.2989
2.0	0.3010	0.3032	0.3054	0.3075	0.3096	0.3118	0.3139	0.3160	0.3181	0.3201
2.1	0.3222	0.3243	0.3263	0.3284	0.3304	0.3324	0.3345	0.3365	0.3385	0.3404
2.2	0.3424	0.3444	0.3464	0.3483	0.3502	0.3522	0.3541	0.3560	0.3579	0.3598
2.3	0.3617	0.3636	0.3655	0.3674	0.3692	0.3711	0.3729	0.3747	0.3766	0.3784
2.4	0.3802	0.3820	0.3838	0.3856	0.3874	0.3892	0.3909	0.3927	0.3945	0.3962
2.5	0.3979	0.3997	0.4014	0.4031	0.4048	0.4065	0.4082	0.4099	0.4116	0.4133
2.6	0.4150	0.4166	0.4183	0.4200	0.4216	0.4232	0.4249	0.4265	0.4281	0.4298
2.7	0.4314	0.4330	0.4346	0.4362	0.4378	0.4393	0.4409	0.4425	0.4440	0.4456
2.8	0.4472	0.4487	0.4502	0.4518	0.4533	0.4548	0.4564	0.4579	0.4594	0.4609
2.9	0.4624	0.4639	0.4654	0.4669	0.4683	0.4698	0.4713	0.4728	0.4742	0.4757
3.0	0.4771	0.4786	0.4800	0.4814	0.4829	0.4843	0.4857	0.4871	0.4886	0.4900
3.1	0.4914	0.4928	0.4942	0.4955	0.4969	0.4983	0.4997	0.5011	0.5024	0.5038
3.2	0.5051	0.5065	0.5079	0.5092	0.5105	0.5119	0.5132	0.5145	0.5159	0.5172
3.3	0.5185	0.5198	0.5211	0.5224	0.5237	0.5250	0.5263	0.5276	0.5289	0.5302
3.4	0.5315	0.5328	0.5340	0.5353	0.5366	0.5378	0.5391	0.5403	0.5416	0.5428
3.5	0.5441	0.5453	0.5465	0.5478	0.5490	0.5502	0.5514	0.5527	0.5539	0.5551
3.6	0.5563	0.5575	0.5587	0.5599	0.5611	0.5623	0.5635	0.5647	0.5658	0.5670
3.7	0.5682	0.5694	0.5705	0.5717	0.5729	0.5740	0.5752	0.5763	0.5775	0.5786
3.8	0.5798	0.5809	0.5821	0.5832	0.5843	0.5855	0.5866	0.5877	0.5888	0.5899
3.9	0.5911	0.5922	0.5933	0.5944	0.5955	0.5966	0.5977	0.5988	0.5999	0.6010
4.0	0.6021	0.6031	0.6042	0.6053	0.6064	0.6075	0.6085	0.6096	0.6107	0.6117
4.1	0.6128	0.6138	0.6149	0.6160	0.6170	0.6180	0.6191	0.6201	0.6212	0.6222
4.2	0.6232	0.6243	0.6253	0.6263	0.6274	0.6284	0.6294	0.6304	0.6314	0.6325
4.3	0.6335	0.6345	0.6355	0.6365	0.6375	0.6385	0.6395	0.6405	0.6415	0.6425
4.4	0.6435	0.6444	0.6454	0.6464	0.6474	0.6484	0.6493	0.6503	0.6513	0.6522
4.5	0.6532	0.6542	0.6551	0.6561	0.6571	0.6580	0.6590	0.6599	0.6609	0.6618
4.6	0.6628	0.6637	0.6646	0.6656	0.6665	0.6675	0.6684	0.6693	0.6702	0.6712
4.7	0.6721	0.6730	0.6739	0.6749	0.6758	0.6767	0.6776	0.6785	0.6794	0.6803
4.8	0.6812	0.6821	0.6830	0.6839	0.6848	0.6857	0.6866	0.6875	0.6884	0.6893
4.9	0.6902	0.6911	0.6920	0.6928	0.6937	0.6946	0.6955	0.6964	0.6972	0.6981
5.0	0.6990	0.6998	0.7007	0.7016	0.7024	0.7033	0.7042	0.7050	0.7059	0.7067
5.1	0.7076	0.7084	0.7093	0.7101	0.7110	0.7118	0.7126	0.7135	0.7143	0.7152
5.2	0.7160	0.7168	0.7177	0.7185	0.7193	0.7202	0.7210	0.7218	0.7226	0.7235
5.3	0.7243	0.7251	0.7259	0.7267	0.7275	0.7284	0.7292	0.7300	0.7308	0.7316
5.4	0.7324	0.7332	0.7340	0.7348	0.7356	0.7364	0.7372	0.7380	0.7388	0.7396
5.5	0.7404	0.7412	0.7419	0.7427	0.7435	0.7443	0.7451	0.7459	0.7466	0.7474
5.6	0.7482	0.7490	0.7497	0.7505	0.7513	0.7520	0.7528	0.7536	0.7543	0.7551
5.7	0.7559	0.7566	0.7574	0.7582	0.7589	0.7597	0.7604	0.7612	0.7619	0.7627
5.8	0.7634	0.7642	0.7649	0.7657	0.7664	0.7672	0.7679	0.7686	0.7694	0.7701
5.9	0.7709	0.7716	0.7723	0.7731	0.7738	0.7745	0.7752	0.7760	0.7767	0.7774
6.0	0.7782	0.7789	0.7796	0.7803	0.7810	0.7818	0.7825	0.7832	0.7839	0.7846
6.1	0.7853	0.7860	0.7868	0.7875	0.7882	0.7889	0.7896	0.7903	0.7910	0.7917
6.2	0.7924	0.7931	0.7938	0.7945	0.7952	0.7959	0.7966	0.7973	0.7980	0.7987
6.3	0.7993	0.8000	0.8007	0.8014	0.8021	0.8028	0.8035	0.8041	0.8048	0.8055
6.4	0.8062	0.8069	0.8075	0.8082	0.8089	0.8096	0.8102	0.8109	0.8116	0.8122
6.5	0.8129	0.8136	0.8142	0.8149	0.8156	0.8162	0.8169	0.8176	0.8182	0.8189
6.6	0.8195	0.8202	0.8209	0.8215	0.8222	0.8228	0.8235	0.8241	0.8248	0.8254
6.7	0.8261	0.8267	0.8274	0.8280	0.8287	0.8293	0.8299	0.8306	0.8312	0.8319
6.8	0.8325	0.8331	0.8338	0.8344	0.8351	0.8357	0.8363	0.8370	0.8376	0.8382
6.9	0.8388	0.8395	0.8401	0.8407	0.8414	0.8420	0.8426	0.8432	0.8439	0.8445
7.0	0.8451	0.8457	0.8463	0.8470	0.8476	0.8482	0.8488	0.8494	0.8500	0.8506
7.1	0.8513	0.8519	0.8525	0.8531	0.8537	0.8543	0.8549	0.8555	0.8561	0.8567
7.2	0.8573	0.8579	0.8585	0.8591	0.8597	0.8603	0.8609	0.8615	0.8621	0.8627
7.3	0.8633	0.8639	0.8645	0.8651	0.8657	0.8663	0.8669	0.8675	0.8681	0.8686
7.4	0.8692	0.8698	0.8704	0.8710	0.8716	0.8722	0.8727	0.8733	0.8739	0.8745
7.5	0.8751	0.8756	0.8762	0.8768	0.8774	0.8779	0.8785	0.8791	0.8797	0.8802
7.6	0.8808	0.8814	0.8820	0.8825	0.8831	0.8837	0.8842	0.8848	0.8854	0.8859
7.7	0.8865	0.8871	0.8876	0.8882	0.8887	0.8893	0.8899	0.8904	0.8910	0.8915
7.8	0.8921	0.8927	0.8932	0.8938	0.8943	0.8949	0.8954	0.8960	0.8965	0.8971
7.9	0.8976	0.8982	0.8987	0.8993	0.8998	0.9004	0.9009	0.9015	0.9020	0.9025
8.0	0.9031	0.9036	0.9042	0.9047	0.9053	0.9058	0.9063	0.9069	0.9074	0.9079
8.1	0.9085	0.9090	0.9096	0.9101	0.9106	0.9112	0.9117	0.9122	0.9128	0.9133
8.2	0.9138	0.9143	0.9149	0.9154	0.9159	0.9165	0.9170	0.9175	0.9180	0.9186
8.3	0.9191	0.9196	0.9201	0.9206	0.9212	0.9217	0.9222	0.9227	0.9232	0.9238
8.4	0.9243	0.9248	0.9253	0.9258	0.9263	0.9269	0.9274	0.9279	0.9284	0.9289
8.5	0.9294	0.9299	0.9304	0.9309	0.9315	0.9320	0.9325	0.9330	0.9335	0.9340
8.6	0.9345	0.9350	0.9355	0.9360	0.9365	0.9370	0.9375	0.9380	0.9385	0.9390
8.7	0.9395	0.9400	0.9405	0.9410	0.9415	0.9420	0.9425	0.9430	0.9435	0.9440
8.8	0.9445	0.9450	0.9455	0.9460	0.9465	0.9469	0.9474	0.9479	0.9484	0.9489
8.9	0.9494	0.9499	0.9504	0.9509	0.9513	0.9518	0.9523	0.9528	0.9533	0.9538
9.0	0.9542	0.9547	0.9552	0.9557	0.9562	0.9566	0.9571	0.9576	0.9581	0.9586
9.1	0.9590	0.9595	0.9600	0.9605	0.9609	0.9614	0.9619	0.9624	0.9628	0.9633
9.2	0.9638	0.9643	0.9647	0.9652	0.9657	0.9661	0.9666	0.9671	0.9675	0.9680
9.3	0.9685	0.9689	0.9694	0.9699	0.9703	0.9708	0.9713	0.9717	0.9722	0.9727
9.4	0.9731	0.9736	0.9741	0.9745	0.9750	0.9754	0.9759	0.9763	0.9768	0.9773
9.5	0.9777	0.9782	0.9786	0.9791	0.9795	0.9800	0.9805	0.9809	0.9814	0.9818
9.6	0.9823	0.9827	0.9832	0.9836	0.9841	0.9845	0.9850	0.9854	0.9859	0.9863
9.7	0.9868	0.9872	0.9877	0.9881	0.9886	0.9890	0.9894	0.9899	0.9903	0.9908
9.8	0.9912	0.9917	0.9921	0.9926	0.9930	0.9934	0.9939	0.9943	0.9948	0.9952
9.9	0.9956	0.9961	0.9965	0.9969	0.9974	0.9978	0.9983	0.9987	0.9991	0.9996

06

複雑なかけ算を計算してみよう①

基本的な原理は計算尺の場合と同じ

それでは、下の①のようなかけ算を、常用対数表を利用して計算してみましょう。**基本的な原理は計算尺の場合と同じで、かけ算を足し算に変換できる対数法則1が、大きな役割を果たすことになります。**

①$131 \times 219 \times 563 \times 608$

②$\log_{10}(131 \times 219 \times 563 \times 608)$

③$\log_{10}(131 \times 219 \times 563 \times 608)$

$= \log_{10}\{(1.31 \times 10^2) \times (2.19 \times 10^2) \times (5.63 \times 10^2) \times (6.08 \times 10^2)\}$

かけ算の対数を、対数の足し算に変換

まず、①を、10を底とする対数で考えます。②です。今回計算に使う常用対数表（119ページ）は真数の値が1・00〜9・99の範囲のため、真数の桁数を調整する必要があります。したがって、③と変形します。これを指数法則1により、④とします。

そしてここで、対数法則1により、⑤と、かけ算を足し算に変形します。対数法則3により、⑥なので、⑦となります（122ページにつづく）。

④$\log_{10}(1.31 \times 2.19 \times 5.63 \times 6.08 \times 10^8)$

⑤$\log_{10}1.31 + \log_{10}2.19 + \log_{10}5.63 + \log_{10}6.08 + \log_{10}10^8$

⑥$\log_{10}10^8 = 8 \times \log_{10}10 = 8$

⑦$\log_{10}1.31 + \log_{10}2.19 + \log_{10}5.63 + \log_{10}6.08 + 8$

常用対数表でかけ算を計算①

131 × 219 × 563 × 608 を、10 を底とする対数の真数にします。対数法則 1 でかけ算を足し算に変換するところまでが第 1 ステップです。

$$\log_{10}(131 \times 219 \times 563 \times 608)$$

$$= \log_{10}\{(1.31\times10^2)\times(2.19\times10^2)\times(5.63\times10^2)\times(6.08\times10^2)\}$$

指数法則 1 より、

$$= \log_{10}(1.31 \times 2.19 \times 5.63 \times 6.08 \times 10^8)$$

対数法則 1 より、

$$= \log_{10}1.31 + \log_{10}2.19 + \log_{10}5.63 + \log_{10}6.08 + \log_{10}10^8$$

$$= \log_{10}1.31 + \log_{10}2.19 + \log_{10}5.63 + \log_{10}6.08 + 8 \quad \cdots\cdots ⓐ$$

↑
対数法則 3 より、$\log_{10}10^8 = 8 \times \log_{10}10$ です。
また、$\log_{10}10 = 1$ なので、$\log_{10}10^8 = 8$ です。

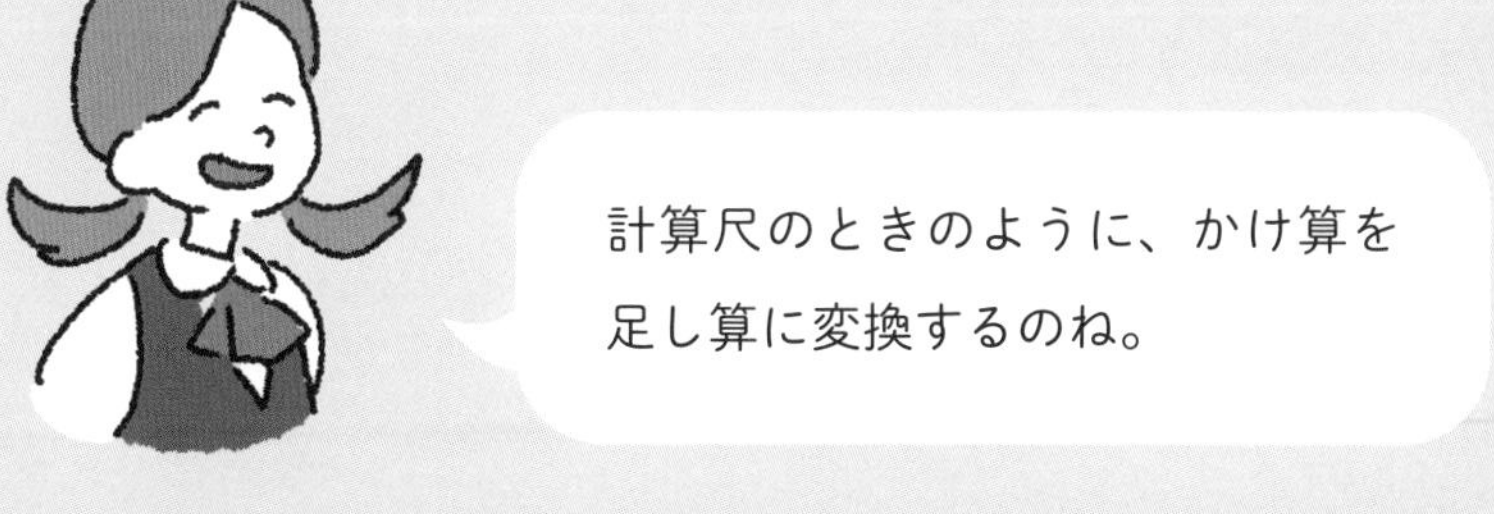

07 複雑なかけ算を計算してみよう②

常用対数表から読み取った値を代入

120ページで、下の①なることがわかりました。**ここで、常用対数表からそれぞれの常用対数の値を読み取ります。**すると、②だとわかります。これを代入すると、③となります。

① $\log_{10}(131 \times 219 \times 563 \times 608)$

$= \log_{10}1.31 + \log_{10}2.19 + \log_{10}5.63 + \log_{10}6.08 + 8$

② $\log_{10}1.31 \fallingdotseq 0.1173$、$\log_{10}2.19 \fallingdotseq 0.3404$、

$\log_{10}5.63 \fallingdotseq 0.7505$、$\log_{10}6.08 \fallingdotseq 0.7839$

③ $0.1173 + 0.3404 + 0.7505 + 0.7839 + 8 = 1.9921 + 8 = 0.9921 + 9$

足し算だけで、計算できたことになる

今度は、常用対数の値が0.9921に近い値となる真数の値を、常用対数表からさがします。すると、④だとわかります。したがって、⑤となります。この式の真数の部分に注目すると、⑥とみちびかれます。

ここまで、常用対数表から数値を読み取って、③の足し算だけで計算できたことになります。もとのかけ算が複雑になればなるほど、対数による計算の簡略化は威力を発揮するのです。

④ $0.9921 \fallingdotseq \log_{10}9.82$

⑤ $\log_{10}(131 \times 219 \times 563 \times 608) \fallingdotseq 0.9921 + 9$

$\fallingdotseq \log_{10}9.82 + 9 = \log_{10}9.82 + \log_{10}10^9 = \log_{10}(9.82 \times 10^9)$

⑥ $131 \times 219 \times 563 \times 608 = 9.82 \times 10^9 \fallingdotseq 9820000000$

常用対数表でかけ算を計算②

対数の法則1を使ってかけ算を足し算に変換したあと、常用対数表から常用対数を読み取って代入します。あとは、足し算だけで答えを導き出すことができます。

ここで、$\log_{10}1.31$、$\log_{10}2.19$、$\log_{10}5.63$、$\log_{10}6.08$の値を常用対数表から読み取り、121ページのⓐに代入します。

$$\log_{10}(131 \times 219 \times 563 \times 608)$$

$$\fallingdotseq 0.1173 + 0.3404 + 0.7505 + 0.7839 + 8$$

常用対数表から読み取った常用対数の足し算

$$= 1.9921 + 8 = 0.9921 + 9 \quad \cdots\cdots ⓑ$$

常用対数表の常用対数が1よりも小さいため、それに合わせて小数点以下の部分と整数の部分に分けました。

ここで、常用対数が0.9921に近くなる真数を常用対数表から読み取ると、$0.9921 \fallingdotseq \log_{10}9.82$であることがわかります。ⓑに、$0.9921 \fallingdotseq \log_{10}9.82$を代入します。

$$\log_{10}(131 \times 219 \times 563 \times 608) \fallingdotseq \log_{10}9.82 + 9$$

$$= \log_{10}9.82 + \log_{10}10^9$$

$\log_{10}10 = 1$なので、$9 = 9 \times \log_{10}10$と変形します。さらに対数法則3より、$9 \times \log_{10}10 = \log_{10}10^9$です。したがって、$9 = \log_{10}10^9$です。

$$= \log_{10}(9.82 \times 10^9)$$

対数法則1より

こうして得られた$\log_{10}(131 \times 219 \times 563 \times 608) \fallingdotseq \log_{10}(9.82 \times 10^9)$の両辺の真数部分をくらべます。

$$131 \times 219 \times 563 \times 608 \fallingdotseq 9.82 \times 10^9 = 9820000000$$

したがって、「131 × 219 × 563 × 608」の答は「約9820000000」
（実際の答は、9820359456）

08

常用対数表は、こうしてつくられた！

ネイピアが対数表を発表

対数を使って計算を簡略化するためには常用対数表が欠かせません。しかし、ネイピア（48～49ページ）が対数を発明した当時は、まだ対数表は存在していませんでした。

ネイピアは、自ら膨大な計算を行い、ゼロから対数表を完成させ、1614年に『対数の驚くべき規則の記述』というタイトルのラテン語の論文で発表しました。対数を考案してから20年後のことでした。

ブリッグスが常用対数表を完成させた

ただし、ネイピアが考案した対数は、底が10ではなく、非常に使いづらいものでした。**そこで、イギリスの数学者・天文学者のヘンリー・ブリッグス（1561～1630）は、計算を簡略化しやすいように、10を底とすることをネイピアに提案したのです。**

ブリッグスは、1617年に1000までの正の整数を真数とする、底が10の常用対数の値を計算して発表しました。さらに、1624年には、1から20000までと、90000から100000までの正の整数について、小数点以下14桁まで計算した常用対数表を完成させたのです。

ヘンリー・ブリッグス

ブリッグスはネイピアが発表した対数表の論文に感銘を受け、常用対数表の作成に取り組みました。そして、膨大な計算の末、3万個の整数についての常用対数表を1624年に発表しました。

ヘンリー・ブリッグス（1561 ～ 1630）
イギリスの数学者・天文学者。底が10の常用対数表を完成させました。

09

簡単な常用対数表を、つくってみよう①

2、4、8、3の常用対数を求める

2から9までの正の整数に対して、小数点以下1～2桁程度の精度であれば、比較的簡単に対数を求められます。簡単な常用対数表をつくってみましょう。

まず、①と定義されています。また、$10^1=10$なので、②です。

最初に、③を求めます。$2^{10}=1024$であり、1000に近いので、ここでは$2^{10} \fallingdotseq 10^3$と考えましょう。両辺の対数をとると、④です。対数法則3と②より、⑤となります。実際の値は0.3010……なので、悪くない近似値です。

次は、⑥です。対数法則3から、⑦です。⑤ですから、⑧となります。⑨も、⑩と求められます。

そして⑪については、$3^4=81$から$3^4 \fallingdotseq 80$と考え、両辺の常用対数をとって⑫とします。ここから、⑬となり、⑩を代入して計算すると、⑭となります（128ページにつづく）。

①$\log_{10}1 = 0$

②$\log_{10}10 = 1$

③$\log_{10}2$

④$\log_{10}2^{10} \fallingdotseq \log_{10}10^3$

⑤$10 \times \log_{10}2 \fallingdotseq 3$、

$\log_{10}2 \fallingdotseq 3 \div 10 = 0.3$

⑥$\log_{10}4$

⑦$\log_{10}4 = \log_{10}2^2 = 2 \times \log_{10}2$

⑧$\log_{10}4 \fallingdotseq 2 \times 0.3 = 0.6$

⑨$\log_{10}8$

⑩$\log_{10}8 = \log_{10}2^3 = 3 \times \log_{10}2$

$\fallingdotseq 3 \times 0.3 = 0.9$

⑪$\log_{10}3$

⑫$\log_{10}3^4 \fallingdotseq \log_{10}80$

⑬$4 \times \log_{10}3 \fallingdotseq \log_{10}8 + 1$

⑭$\log_{10}3 \fallingdotseq 0.475$

簡単な常用対数表の作成①

$\log_{10}2$（ⓐ）、$\log_{10}4$（ⓑ）、$\log_{10}8$（ⓒ）、$\log_{10}3$（ⓓ）の求め方を示しました。ⓐからⓓの順番に、計算します。中央のイラストは、対数目盛（外側の目盛り）と、通常目盛（内側の目盛り）の対応をえがいたものです。

ⓒ$\log_{10}8 \fallingdotseq 0.9$

対数法則3により、
$\log_{10}8 = \log_{10}2^3 = 3 \times \log_{10}2$
$\log_{10}2 \fallingdotseq 0.3$だから、
$\log_{10}8 \fallingdotseq 3 \times 0.3 = 0.9$

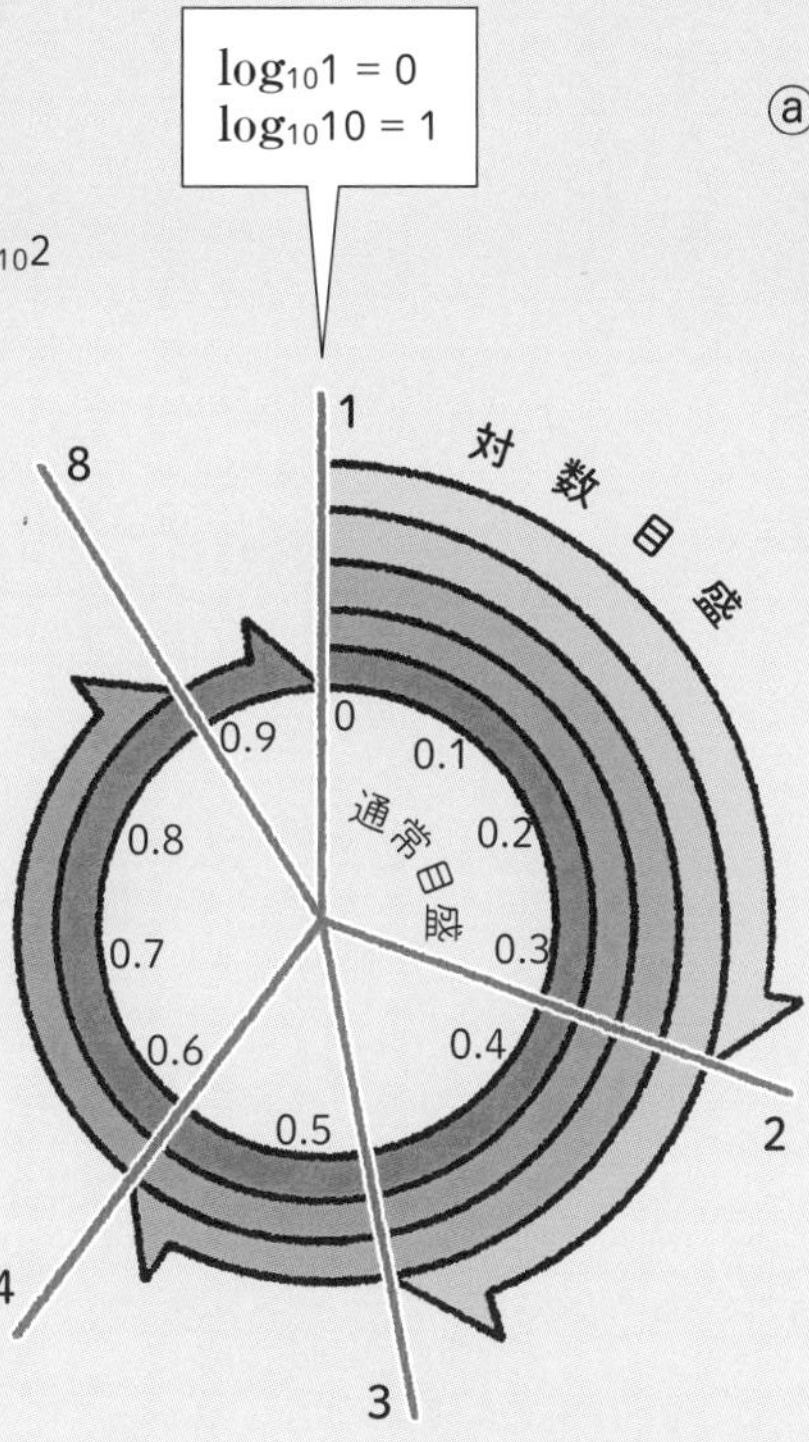

ⓐ$\log_{10}2 \fallingdotseq 0.3$

$2^{10} = 1024$だから、
$2^{10} \fallingdotseq 1000 = 10^3$と考え、
両辺の対数をとる。
$\log_{10}2^{10} \fallingdotseq \log_{10}10^3$
$10 \times \log_{10}2 \fallingdotseq 3 \times \log_{10}10$
$\log_{10}10 = 1$だから、
$10 \times \log_{10}2 \fallingdotseq 3$
$\log_{10}2 \fallingdotseq \frac{3}{10} = 0.3$

ⓑ$\log_{10}4 \fallingdotseq 0.6$

対数法則3により、
$\log_{10}4 = \log_{10}2^2 = 2 \times \log_{10}2$
$\log_{10}2 \fallingdotseq 0.3$だから、
$\log_{10}4 \fallingdotseq 2 \times 0.3 = 0.6$

ⓓ$\log_{10}3 \fallingdotseq 0.475$

$3^4 = 81$だから$3^4 \fallingdotseq 80$と考え、
両辺の常用対数をとる。
$\log_{10}3^4 \fallingdotseq \log_{10}80$
$4 \times \log_{10}3 \fallingdotseq \log_{10}(8 \times 10)$
$4 \times \log_{10}3 \fallingdotseq \log_{10}8 + \log_{10}10$
$\log_{10}8 \fallingdotseq 0.9$、$\log_{10}10 = 1$だから、
$\log_{10}3 \fallingdotseq \frac{0.9+1}{4} = 0.475$

10

簡単な常用対数表を、つくってみよう②

9、6、5、7の常用対数を求める

今度は、①を求めます。②なので、対数法則3と③から、④となります。

つづいて、⑤を求めましょう。対数法則1から、⑥となります。⑦と③ですから、⑧です。

⑨は、対数法則2から、⑩と変形できます。⑪と⑦なので、⑫となります。

最後に、⑬を求めます。$7^2=49$ですから、ほぼ50と考えて、$7^2 \fallingdotseq 50$の両辺の常用対数をとると、⑭となります。対数法則1と3を使って変形すると、⑮となり、⑫と⑪から、⑯と求められます。

このように、求める順番を工夫して対数法則を使うことで、簡単な常用対数表ができます。 2^{10}を1000、3^4を80、7^2を50とみなすところはやや強引ではあるものの、実際の値に近い近似値が求められます。

① $\log_{10}9$

② $\log_{10}9 = \log_{10}3^2$

③ $\log_{10}3 \fallingdotseq 0.475$

④ $\log_{10}9 \fallingdotseq 2 \times 0.475 = 0.95$

⑤ $\log_{10}6$

⑥ $\log_{10}6 = \log_{10}(2 \times 3) = \log_{10}2 + \log_{10}3$

⑦ $\log_{10}2 \fallingdotseq 0.3$

⑧ $\log_{10}6 \fallingdotseq 0.3 + 0.475 = 0.775$

⑨ $\log_{10}5$

⑩ $\log_{10}5 = \log_{10}(10 \div 2)$
$= \log_{10}10 - \log_{10}2$

⑪ $\log_{10}10 = 1$

⑫ $\log_{10}5 \fallingdotseq 1 - 0.3 = 0.7$

⑬ $\log_{10}7$

⑭ $\log_{10}7^2 \fallingdotseq \log_{10}50$

⑮ $2 \times \log_{10}7$
$\fallingdotseq \log_{10}5 + \log_{10}10$

⑯ $\log_{10}7 \fallingdotseq 0.85$

簡単な常用対数表の作成②

$\log_{10}9$（ⓔ）、$\log_{10}6$（ⓕ）、$\log_{10}5$（ⓖ）、$\log_{10}7$（ⓗ）の求め方を示しました。

ⓗ $\log_{10}7 \fallingdotseq 0.85$

$7^2 = 49$ だから、$7^2 \fallingdotseq 50$ と考えて、
両辺の常用対数をとる。
$\log_{10}7^2 \fallingdotseq \log_{10}50$
$2 \times \log_{10}7 \fallingdotseq \log_{10}(5 \times 10)$
$= \log_{10}5 + \log_{10}10$
$\log_{10}5 \fallingdotseq 0.7$、$\log_{10}10 = 1$ だから、
$\log_{10}7 \fallingdotseq \frac{1.7}{2} = 0.85$

ⓔ $\log_{10}9 \fallingdotseq 0.95$

$\log_{10}9 = \log_{10}3^2 = 2 \times \log_{10}3$
$\log_{10}3 \fallingdotseq 0.475$ だから、
$\log_{10}9 \fallingdotseq 2 \times 0.475 = 0.95$

ⓕ $\log_{10}6 \fallingdotseq 0.775$

$\log_{10}6 = \log_{10}(2 \times 3)$
$= \log_{10}2 + \log_{10}3$
$\log_{10}2 \fallingdotseq 0.3$、
$\log_{10}3 \fallingdotseq 0.475$ だから、
$\log_{10}6 \fallingdotseq 0.3 + 0.475$
$= 0.775$

ⓖ $\log_{10}5 \fallingdotseq 0.7$

$\log_{10}5 = \log_{10}(10 \div 2)$
対数法則2により、
$\log_{10}5 = \log_{10}10 - \log_{10}2$
$\log_{10}10 = 1$、
$\log_{10}2 \fallingdotseq 0.3$ だから、
$\log_{10}5 \fallingdotseq 1 - 0.3 \fallingdotseq 0.7$

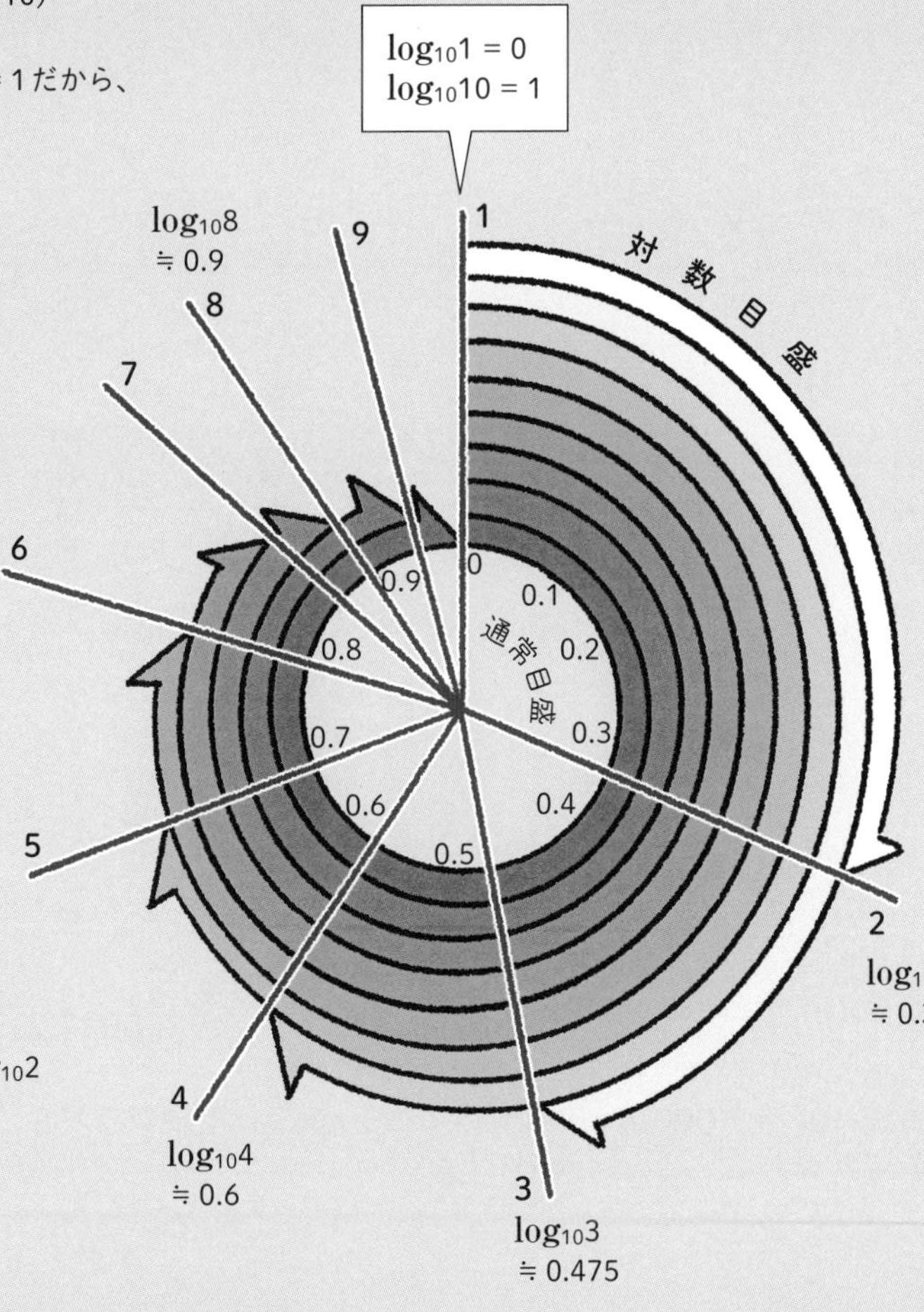

11

ブリッグスの苦労を、実感してみよう①

膨大な計算で平方根をくりかえし求める

ブリッグスが常用対数表をつくるために行った計算方法について、①の値を求める場合を例として、現代風に少しアレンジしたものを紹介します。

①$\log_{10}2$

まず、「10の平方根」、「さらにその平方根（10の平方根の平方根、つまり10の2^2乗根＝10の４乗根）」、「またさらにその平方根（つまり10の2^3乗根＝10の８乗根）」といった具合に、平方根を求める計算を、膨大な量の手計算でくりかえします。当時、平方根を求める開平法という計算方法はすでに知られていました。

10の2^{54}乗根まで求める

この計算をえんえんと、10の2^{54}乗根までつづけます。10の2^{54}乗根は、$10^{\frac{1}{2^{54}}}$とあらわされ、計算によってえられたその値は、②でした。

ここで、$\frac{1}{2^{54}}=c$とすると、③と書きかえられます。また、10の2^{54}乗根の小数点以下の部分をαとすると、④と表現できます（１３２ページにつづく）。

②$10^{\frac{1}{2^{54}}} \fallingdotseq 1.0000000000000001278191493200323 5$

③$10^{c} \fallingdotseq 1.00000000000000012781914932003235$

④$10^{c} \fallingdotseq 1+\alpha$

$\log_{10}2$の値を求める①

$\log_{10}2$の値を求めるための準備として、10の2^{54}乗根を求めます。ブリッグスは、10の2^{54}乗根を、小数点以下32桁まで求めています。

平方根を求める計算の回数	計算によってえられた数
1	10の2乗根≒3.16227766016387933199889354
2	10の2^2乗根≒1.77827941003892280119730413
3	
⋮	
54	10の2^{54}乗根≒1.00000000000000012781914932003235

注：10の2乗根$=\sqrt{10}=10^{\frac{1}{2}}$

10の2^2乗$=\sqrt{\sqrt{10}}=10^{\frac{1}{2^2}}$

10の2^{54}乗根$=\underbrace{\sqrt{\cdots\sqrt{10}}}_{\sqrt{\ }\text{が54回}}=10^{\frac{1}{2^{54}}}$

12

ブリッグスの苦労を、実感してみよう②

2の2^{54}乗根の値を利用する

ここで、①の値を求めるため、2をスタートに、平方根を次々にくりかえし求めます。2の2^{54}乗根の値は、②となります。この小数点以下の部分を$\boldsymbol{b}$とすると、130ページで登場した$\boldsymbol{c}$も使って、③と表現できます。

求める①の値を$\boldsymbol{x}$とすると、④と表現できます。④を③に代入すると、⑤です。指数法則2により、⑤は⑥

①$\log_{10}2$

②$2^{\frac{1}{2^{54}}} \fallingdotseq 1.0000000000000000384773979655831 0$

④$2 = 10^{x}$　　③$2^{c} \fallingdotseq 1 + b$

と変形できます。また、130ページに登場した⑦の両辺を$\boldsymbol{x}$乗すると、⑧です。⑧の右辺について、$\boldsymbol{a}$の値が十分に小さい場合、⑨と近似ができることが知られています。

⑨と⑧から、⑩となり、ここで⑥と⑩を見くらべると、⑪であることから、⑫となります。この⑫に$\boldsymbol{a}$と$\boldsymbol{b}$の具体的な値を代入すると、$\boldsymbol{x}$つまり①の値は、⑬と求められます。実際の値は⑭ですから、かなりの精度だといえます。**常用対数表の値を求める苦労が、垣間見えたのではないでしょうか。**

⑤$(10^{x})^{c} \fallingdotseq 1 + b$

⑥$(10^{c})^{x} \fallingdotseq 1 + b$

⑦$10^{c} \fallingdotseq 1 + a$

⑧$(10^{c})^{x} \fallingdotseq (1 + a)^{x}$

⑨$(1 + a)^{x} \fallingdotseq 1 + ax$

⑩$(10^{c})^{x} \fallingdotseq 1 + ax$

⑪$1 + b \fallingdotseq 1 + ax$

⑫$x \fallingdotseq \dfrac{b}{a}$

⑬0.301029995663881 2

⑭0.301029995663981 1……

$\log_{10}2$の値を求める②

130 〜 131 ページでは、10の2^{54}乗根を求めました。10の2^{54}乗根の次に、2の2^{54}乗根を求めます。そして、10の2^{54}乗根の小数部分（a）と、2の2^{54}乗根の小数部分（b）から、$\log_{10}2$の値（x）を求めます。

$10^{\frac{1}{2^{54}}} \fallingdotseq 1.00000000000000012781914932003235$

$\frac{1}{2^{54}} = c$とすると、$10^{c} \fallingdotseq 1.00000000000000012781914932003235$

小数点以下の部分をaとすると、$10^{c} \fallingdotseq 1 + a$ ……ⓐ

一方、$2^{\frac{1}{2^{54}}} \fallingdotseq 1.00000000000000003847739796558310$

小数点以下の部分をbとすると、$2^{c} \fallingdotseq 1 + b$ ……ⓑ

$\log_{10}2 = x$とすると、$2 = 10^{x}$ ……ⓒ

ⓒをⓑに代入すると、$(10^{x})^{c} \fallingdotseq 1 + b$

$(10^{c})^{x} \fallingdotseq 1 + b$ ……ⓓ

また、ⓐの両辺をx乗すると、$(10^{c})^{x} \fallingdotseq (1 + a)^{x}$ ……ⓔ

ⓔの右辺について、aの値が十分に小さいとき、$(1 + a)^{x} \fallingdotseq 1 + ax$ ……ⓕ

ⓔとⓕより、$(10^{c})^{x} \fallingdotseq (1 + a)^{x} \fallingdotseq 1 + ax$ ……ⓖ

ⓓとⓖを見くらべると、$1 + b \fallingdotseq 1 + ax$

$b \fallingdotseq ax$

$x \fallingdotseq \frac{b}{a}$ ……ⓗ

aとbの具体的な数値をⓗに代入すると、

$x \fallingdotseq 0.3010299956638812$

多才なブリッグス

1561年
イギリスに生まれた
ブリッグス
天文学に興味をもち
研究を行っていた
大学では、幾何学
の教授をつとめる
興味は幅広く
統計調査や造船
採掘などの分野でも
活躍した

完成間近に

ネイピアの論文を読んだブリッグス
対数はすばらしい!!
ブリッグス
底を10にする方がいいのではないのでは?
なるほど!
ネイピア
ネイピアと約束した常用対数表をつくるためひたすら計算するが……
完成を目前にしてネイピアは亡くなってしまった

第5章

特別な数「e」を使う自然対数

ここまで、対数が便利な計算の道具となることを見てきました。実は、対数の威力はそれだけにとどまりません。対数は、特別な数「ネイピア数e」と結びつき、自然現象や経済活動を数学的に分析する際にも活躍しているのです！　第5章では、eとはどのような数なのかを紹介し、さらに、eと結びついた対数「自然対数」について説明します。

01

金利の計算からみつかった不思議な数「e」

ヤコブ・ベルヌーイが、eを発見

ここからは、対数と密接な関係にある「ネイピア数e」について紹介します。eは、数学や物理学にひんぱんに登場する重要な数です。

eは、2.718281……と、小数点以下が無限につづく数です。スイスの数学者ヤコブ・ベルヌーイ（1654〜1705）が、預金額を計算する中で、①という式を使って、発見したといわれています。

① $\left(1+\frac{1}{n}\right)^n$

1年間の預金額の推移

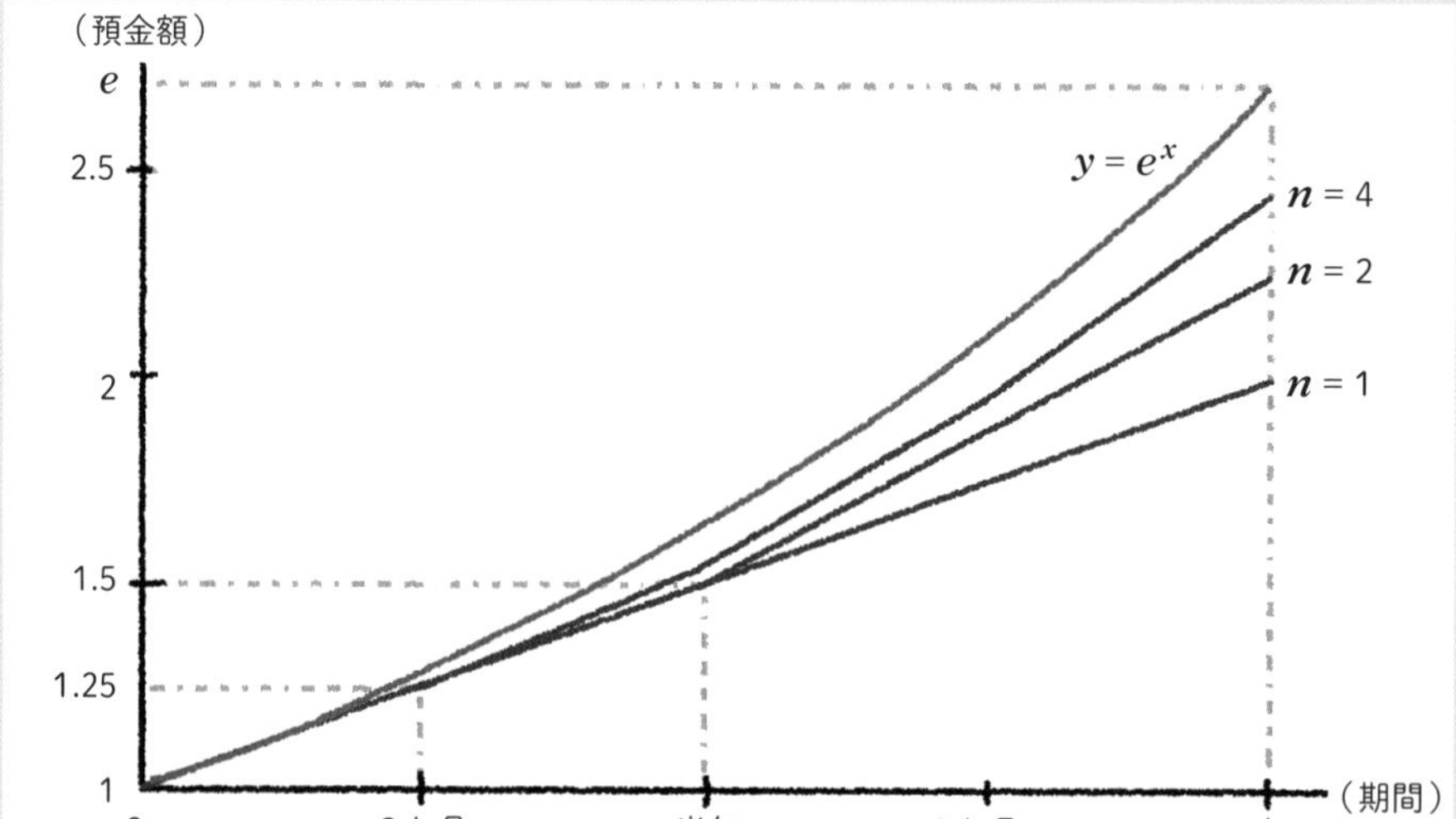

1年後の預金額が、eにいきつく

銀行に、金額「1」のお金を預けることを考えてみましょう。1年ごとに元金の100％が利息としてつく場合、1年後の預金額は元の「1＋1」倍（＝2倍）となります。半年（$\frac{1}{2}$年）ごとに元金の$\frac{1}{2}$の利息がつく場合、半年後の預金額は元の「$1+\frac{1}{2}$」倍（＝1・5倍）になり、1年後の預金額は②になります。そして、$\frac{1}{n}$年ごとに元金の$\frac{1}{n}$の利息がつく場合、1年後の預金額は③になります。

ここで、nが限りなく大きくなる（利息がつくまでの期間が短くなる）と、1年後の預金額はどうなるでしょうか。**実はこれを計算すると、2・718281…にいきつく（収束する）のです。この数こそが、eです。**

②元の「$(1+\frac{1}{2})\times(1+\frac{1}{2})$」倍（＝2.25倍）

③元の$(1+\frac{1}{n})^n$倍

ベルヌーイが発見したe

最初に預ける金額が「1」、$\frac{1}{n}$年後に預金額が$(1+\frac{1}{n})$倍になる場合、1年後の金額を表にまとめました（下）。nが大きいほど、1年後の預金額は2.718281…に近づきます。また、1年間の預金額の推移は右のグラフになります。nが大きいほど、グラフは$y=e^x$に近づきます。

n	所定の利息がつく期間（$\frac{1}{n}$年）	利息（$\frac{1}{n}$）	1年後の預金額$(1+\frac{1}{n})^n$
1	1年	$\frac{1}{1}$	2
2	半年	$\frac{1}{2}$	2.25
4	3か月	$\frac{1}{4}$	2.44140625
12	1か月	$\frac{1}{12}$	2.6130352902…
365	1日	$\frac{1}{365}$	2.7145674820…
8760	1時間	$\frac{1}{8760}$	2.7181266916…

数学一家、ベルヌーイ家

ネイピア数 e を発見したヤコブ・ベルヌーイに代表されるベルヌーイ家は、数学の名門一家として知られています。**3世代にわたって8人もの著名な数学者を輩出しているのです。**

その最初の人物がヤコブです。ヤコブは e だけでなく、「ベルヌーイ数」という数列を発見し、のちの数学の発展に大きく貢献しました。また、ヤコブは弟のヨハンとともに、微分積分学の普及にも貢献しました。ヨハンは、微分積分学における「ロピタルの定理」という定理を発見したほか、スイスの数学者、レオンハルト・オイラー（1707〜1783、143ページで紹介）を指導したことでも知られています。

ヨハンは、力学分野の研究にも熱心でした。それを受け継いだ息子のダニエルは、流体力学における「ベルヌーイの定理」という定理を発見するという業績を残しています。**数学、科学の発展に、ベルヌーイ家は大きく貢献しているのです。**

Column

ベルヌーイ家の家系図（数学者は青字）

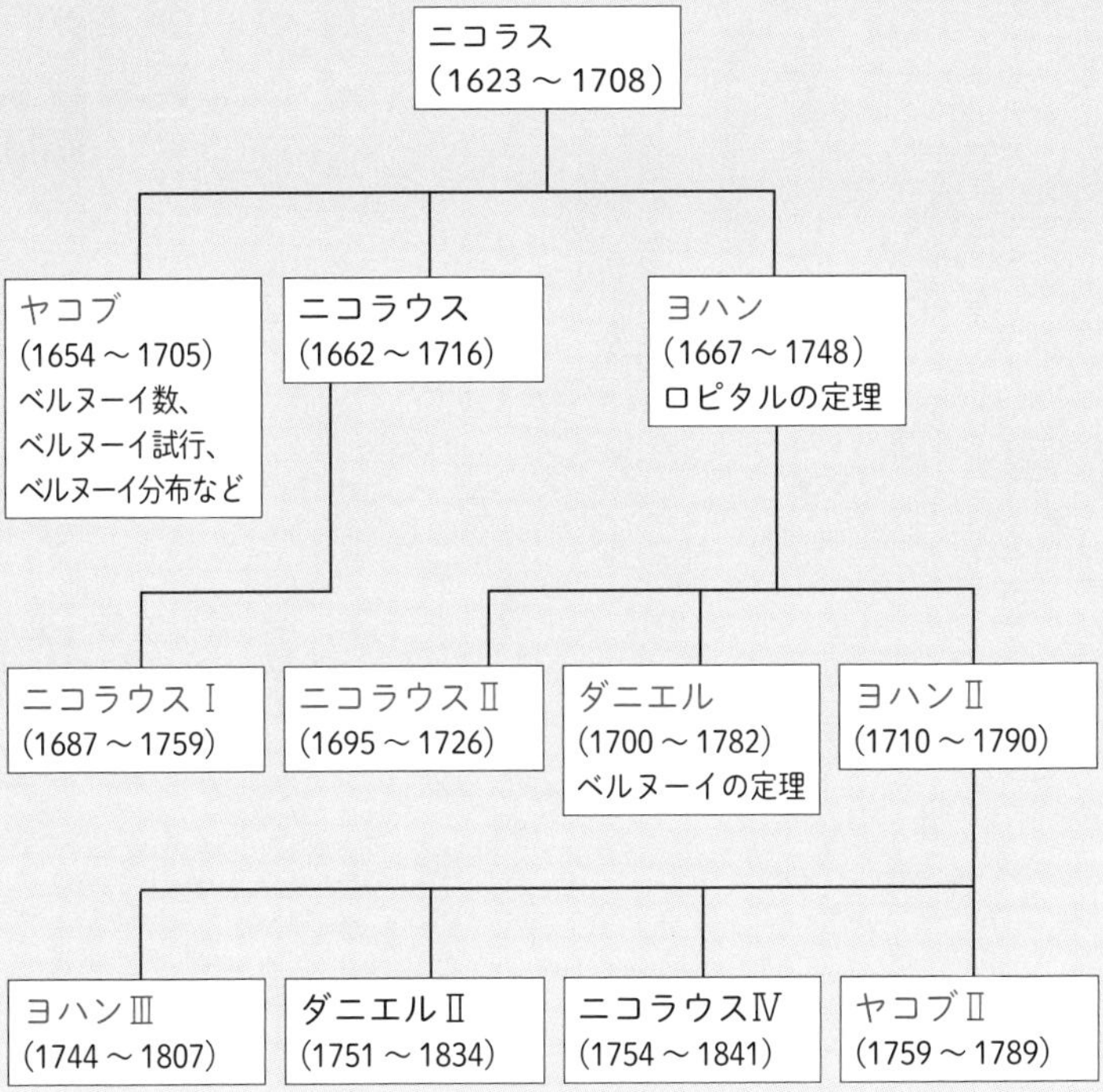

02

オイラーは、対数からeにたどりついた①

対数関数の「微分」からeを発見

ヤコブ・ベルヌーイとは別の方法で、eを発見した人物がいます。それは、天才数学者といわれるスイスのレオンハルト・オイラー（1707〜1783）です。**オイラーは、下の①を「微分」する過程で、eを見いだしました。**これはどういうことでしょうか。まずは、微分とは何なのかを、説明しましょう。

①$y = \log_a x$

微分とは、グラフの接線の傾きを求めること

「微分」とは、おおざっぱにいうと「グラフの接線の傾き」を求めることです。たとえば、対数関数①のグラフをえがくと、左の曲線になります。このグラフに接線を引いてみましょう。すると、どこを接点にするかによって、接線の傾きがかわることがわかります。**微分するとは、接点の位置によって接線の傾きがどのように変わるのか、その関係を示すことなのです。**

対数関数と微分

$y = \log_a x$のグラフと、3本の接線をえがきました。3本の接線は、いずれも傾きがことなります。$y = \log_a x$を微分すると、接線の傾きが、接点によってどのように移りかわるのかを知ることができます。

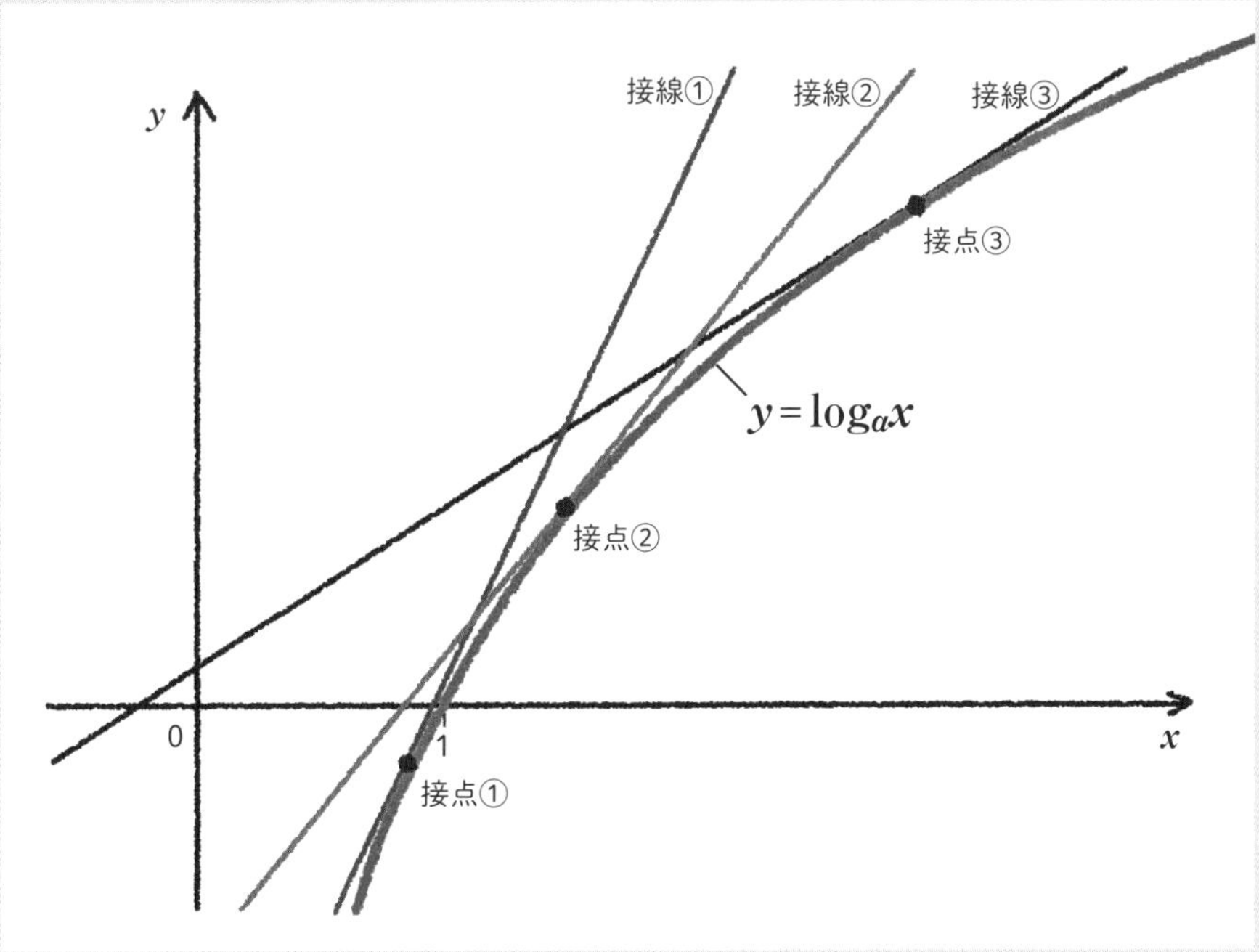

微分の考え方は、私（ネイピア）の死から、およそ50年後に誕生しました。

03

オイラーは、対数から e にたどりついた②

対数関数を微分してできる式

微分とは何か、簡単に説明したところで、オイラーの e の発見の話にもどりましょう。

オイラーは、下の対数関数①の微分を考えました。そして、②という式を得ました。左辺に出てくる$(\ )'$とは、中の数式を微分することを意味する記号です。そしてここで登場する h は、限りなくゼロに近い数です。

① $y = \log_a x$

② $(\log_a x)' = (\frac{1}{x}) \times \log_a (1 + h)^{\frac{1}{h}}$

h をゼロに近づけていくと、e が登場

オイラーは、h を限りなくゼロに近づけていくと、微分した式がどうなるのかを考えました。**そして、微分した式に出てくる③の値が、「2.718281……」という一定の値に近づいていくことを発見したのです。この数こそまさに、138～139ページで紹介した e です。**このように、オイラーはベルヌーイとはまったくことなる方法で、e にたどりついたのです。

③を e と表現して、先ほどの微分した式②をあらわすと、④となります。

③ $(1 + h)^{\frac{1}{h}}$

④ $(\log_a x)' = (\frac{1}{x}) \times \log_a (1 + h)^{\frac{1}{h}} = (\frac{1}{x}) \times \log_a e$

オイラーが発見したe

オイラーは、$y = \log_a x$という対数関数を微分する過程で、eという数が登場することを発見しました。$y = \log_a x$を微分すると、$\left(\frac{1}{x}\right) \times \log_a (1+h)^{\frac{1}{h}}$となります。この$h$を0に近づけると、$(1+h)^{\frac{1}{h}} = e$となるのです。

$$(\log_a x)'$$

$$= \left(\frac{1}{x}\right) \times \log_a (1+h)^{\frac{1}{h}}$$

↓ hを0に近づけると

2.71828……$= e$

$$= \left(\frac{1}{x}\right) \times \log_a e$$

レオンハルト・オイラー（1707～1783）
スイスの数学者。数学のみならず、力学、天文学、光学など幅広い分野で多大なる貢献をし、何十冊もの本と900本近い論文を残しました。

04

eを底とする自然対数とは

eを使うとシンプルな式になる

144～145ページでも見たように、①を微分した式を、eを使ってあらわすと、②となります。ここで、①のa（底）がeである③を考えてみましょう。③を微分した式は、④となります。さらに、⑤は、eを何回かけ算するとeになるのか、をあらわす値

①$y = \log_a x$

②$\left(\frac{1}{x}\right) \times \log_a e$

③$y = \log_e x$

④$\left(\frac{1}{x}\right) \times \log_e e$

⑤$\log_e e$

⑥$(\log_e x)' = \left(\frac{1}{x}\right) \times \log_e e = \frac{1}{x}$

なので、1です。**つまり、⑥と非常にシンプルな式になります。**ある関数を微分して得られる関数がシンプルな式であるというのは、微分の計算をするうえで非常に重要です。そのため、数学の世界では対数の底にeがよく用いられます。このeを底とする対数を「自然対数」といいます。

$y=e^x$は、微分しても変化しない

最後に、$y=e^x$という指数関数の微分についても、紹介しましょう。**$y=e^x$を微分すると、なんとe^xになります。つまり微分しても変化しないのです。**

自然対数やeを用いると、さまざまな計算が簡単になります。そのためeは、自然現象や経済活動を数学的に分析する際に、たびたび登場します。計算の道具として生まれた対数は、特別な数「e」と結びつき、人類の知の冒険を飛躍的に前進させたのです。

$y = \log_e x$ と e^x の微分

$y = \log_e x$ という自然対数の対数関数を微分すると、$\frac{1}{x}$ という簡単な形になります（ⓐ）。また、$y = e^x$ という指数関数を微分すると、e^x のまま形が変わりません（ⓑ）。微分した式が非常にシンプルであるため、自然対数や e は、数学や物理でよく登場します。

ⓐ $(\log_e x)'$

$$= \left(\frac{1}{x}\right) \times \log_e e$$

↑ $\log_e e$ は、1となります。

$$= \frac{1}{x}$$

ⓑ $(e^x)' = e^x$

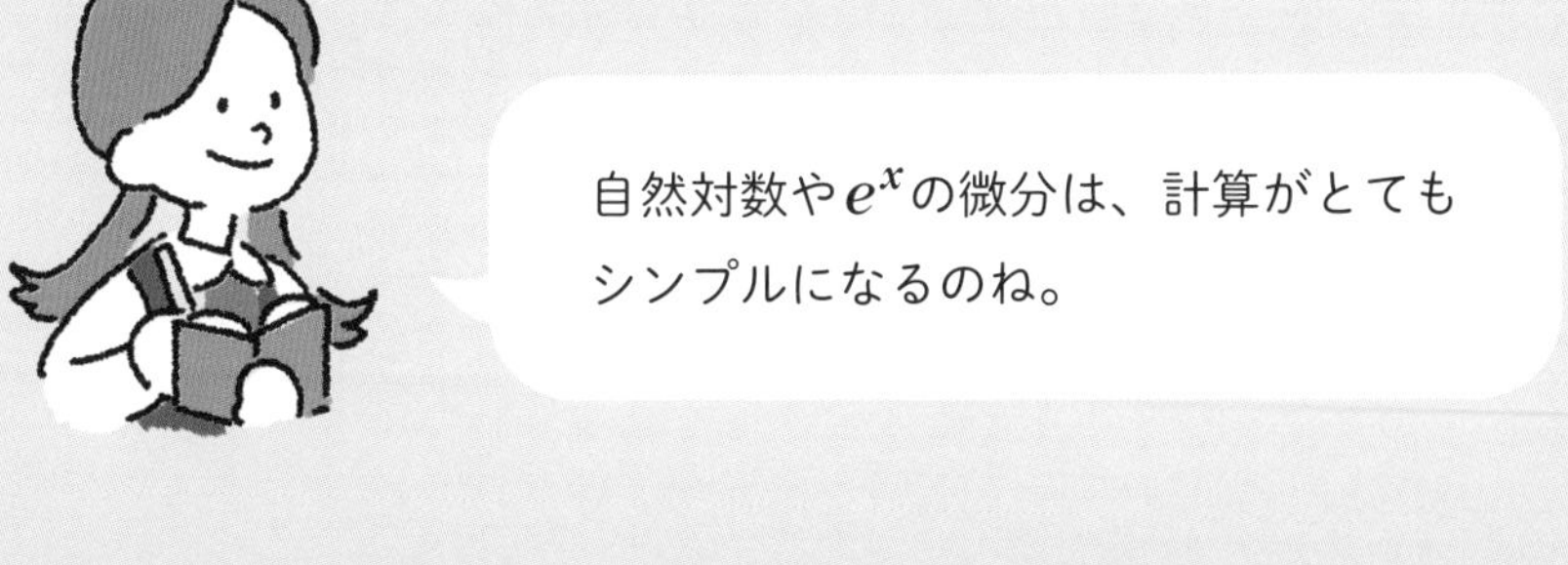

自然界にみられるe

ネイピア数eは、自然現象を説明する数式によく登場します。eが登場する式の具体例を見てみましょう。

たとえば、熱いお湯やコーヒーなどが冷めるときの温度変化がその一つです。コーヒーの温度をT_0、周囲の温度をT_mだとすると、時間tたったときのコーヒーの温度は、一般的に下の①とあらわされます。eが登場していますね。

① $T_m + (T_0 - T_m)e^{-rt}$

一方、カタツムリやオウムガイなどの殻に見られるらせんは「対数らせん」とよばれ、中心から外側に向かってらせんの幅が大きくなっていきます。中心からの距離をrとすると、対数らせんは、②という式であらわされます。これは、牛や羊の角、さらには台風の渦にも当てはまるといいます。

② $r = ae^{b\theta}$

ほかにも、eを用いた法則はたくさんあります。ネイピア数eは自然を理解するためには欠かせないものなのです。

Column

オイラーは子だくさん

1707年 スイスに生まれた オイラー
父は牧師 母は牧師の娘だった
大学では 神学を学んでいたが
やっぱり数学を 学びたい!!
途中で専攻を 数学に変更
13人の子どもを もうけ
赤ん坊をかかえながら 論文を書いていた という……
1911年から 刊行がはじまった 『オイラー全集』
業績が多すぎて 今なお刊行が つづいている

失明しても

1738年ごろ、右目が見えなくなる
目が見えない……
1771年ごろ両目の視力を失うが
かえって研究に集中できる!!
以後も口述筆記で精力的に活動
最期は
死ぬよ
と言って意識を失いそのまま亡くなったという

05

指数の法則集

指数法則で、指数の計算を簡単に行える

ここからは、指数と対数のとくに重要な法則を、まとめて紹介します。152～153ページが指数の法則集、154～155ページが対数の法則集です。

指数とは、「同じ数をくりかえしかけ算する回数」のことです。指数と対数は表裏一体の関係にあるため、指数関数のグラフは対数関数のグラフと対称な形になります。**指数法則を使うと、指数の計算を簡単に行うことができます。**

指数関数

$a > 0$、$a \neq 1$のとき、

$$y = a^x$$

底　指数

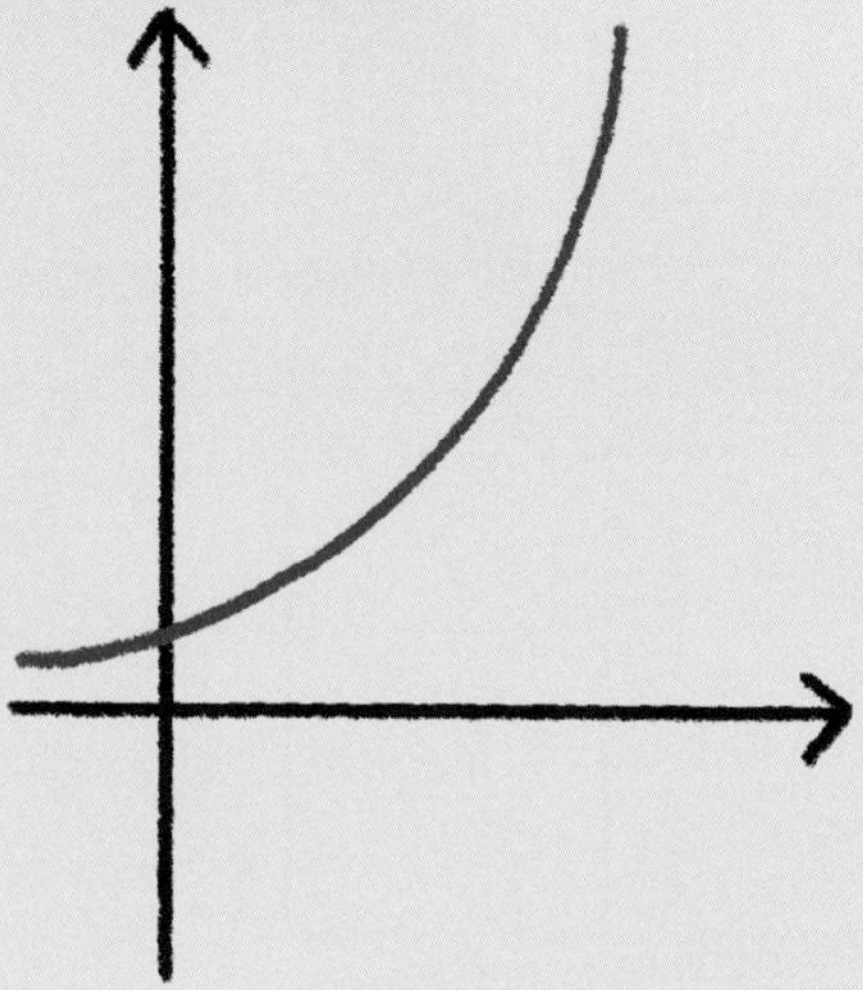

（上は、$a > 1$の場合のグラフ）

指数法則

$a>0$、$b>0$で、mとnが有理数（整数の分数であらわせる数）のとき、

①$a^m \times a^n = a^{m+n}$

②$(a^m)^n = a^{mn}$

③$(ab)^m = a^m \times b^m$

④$a^m \div a^n = a^{m-n}$

⑤$\left(\dfrac{b}{a}\right)^m = \dfrac{b^m}{a^m}$

ゼロ乗、負の数乗

$a \neq 0$で、xが正の整数のとき、

$a^0 = 1$

$a^{-x} = \dfrac{1}{a^x}$

分数乗

$a>0$で、pとqが正の整数のとき、

$a^{\frac{p}{q}} = \sqrt[q]{a^p}$

（小数は分数になおす）

06

対数の法則集

対数法則で、対数の式を変形できる

対数とは、「同じ数のかけ算をくりかえす回数」です。対数と指数は表裏一体の関係にあるため、対数関数のグラフは指数関数のグラフと対称な形になります。

対数法則を使うと、対数の式を変形することができます。かけ算の対数は、対数の足し算に変形できます。割り算の対数は、対数の引き算に変形できます。そして累乗の対数は、かけ算の形に変形できます。

対数関数

$a > 0$、$a \neq 1$、$x > 0$のとき、

$$y = \log_a x$$

底　真数

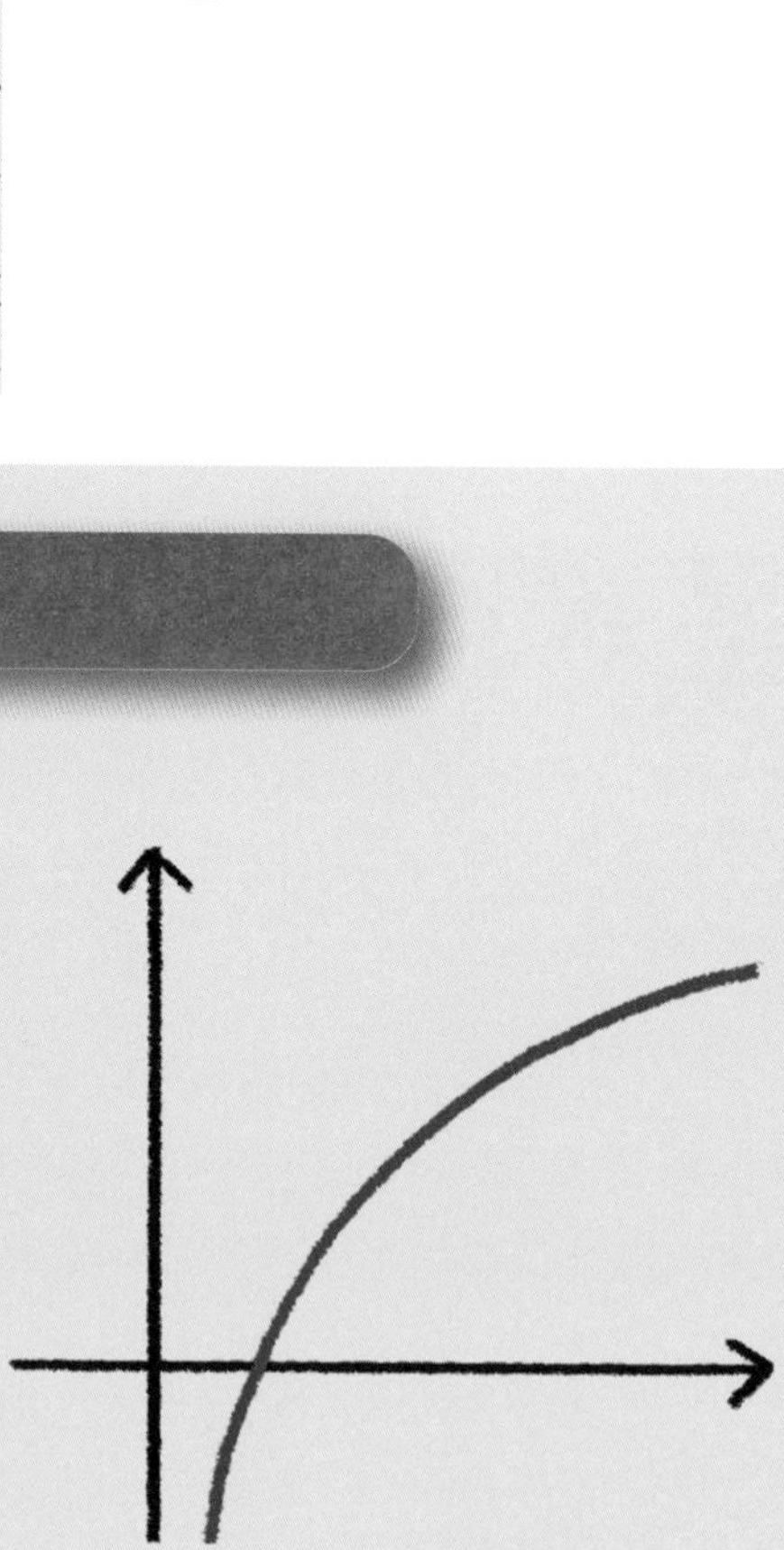

$y = \log_a x$のことを「aを底とするxの対数」といいます。

（上は、$a > 1$の場合のグラフ）

対数法則

$a>0$、$a\neq 1$、$M>0$、$N>0$でrが実数のとき、

$$①\ \log_a MN = \log_a M + \log_a N$$

$$②\ \log_a \frac{M}{N} = \log_a M - \log_a N$$

$$③\ \log_a M^r = r\log_a M$$

特殊な対数

$a>0$、$a\neq 1$のとき、

$$\log_a 1 = 0 \qquad \log_a a = 1$$

底の変換公式

$a>0$、$b>0$、$c>0$で、$a\neq 1$、$c\neq 1$のとき、

$$\log_a b = \frac{\log_c b}{\log_c a}$$

計算尺をつくってみよう！

ペーパークラフトで計算尺をつくって、実際に使ってみましょう！　左のページを、コピーして使ってください。

【材料と道具】

・左のページをコピーしたもの　・のり　・定規

・カッター

【作り方】

1　「固定尺」「滑尺」「帯1」「帯2」「カーソル」を、カッターと定規を使ってきれいに切り抜きます。

2　「固定尺」の上下にある細長い長方形を、切り抜きます。

3　「滑尺」の両脇に、帯1と帯2をのり付けします（帯1と帯2の区別はありません）。

4　帯をはり合わせた滑尺の両側を、2でつくった固定尺の穴に通します。このとき、固定尺と滑尺の数字の上下が、同じ向きになるよう注意します。

5　「カーソル」を黒い線で山折りにして、輪になるようにのり付けします。カーソルは、上下に並んだ数を読むためのものです。

6　固定尺と滑尺を、輪っか状のカーソルに通せば完成です！　計算尺は、本書で紹介したかけ算以外に、割り算や累乗を計算することもできます。もっと知りたい人は、インターネットなどで調べてみてください。

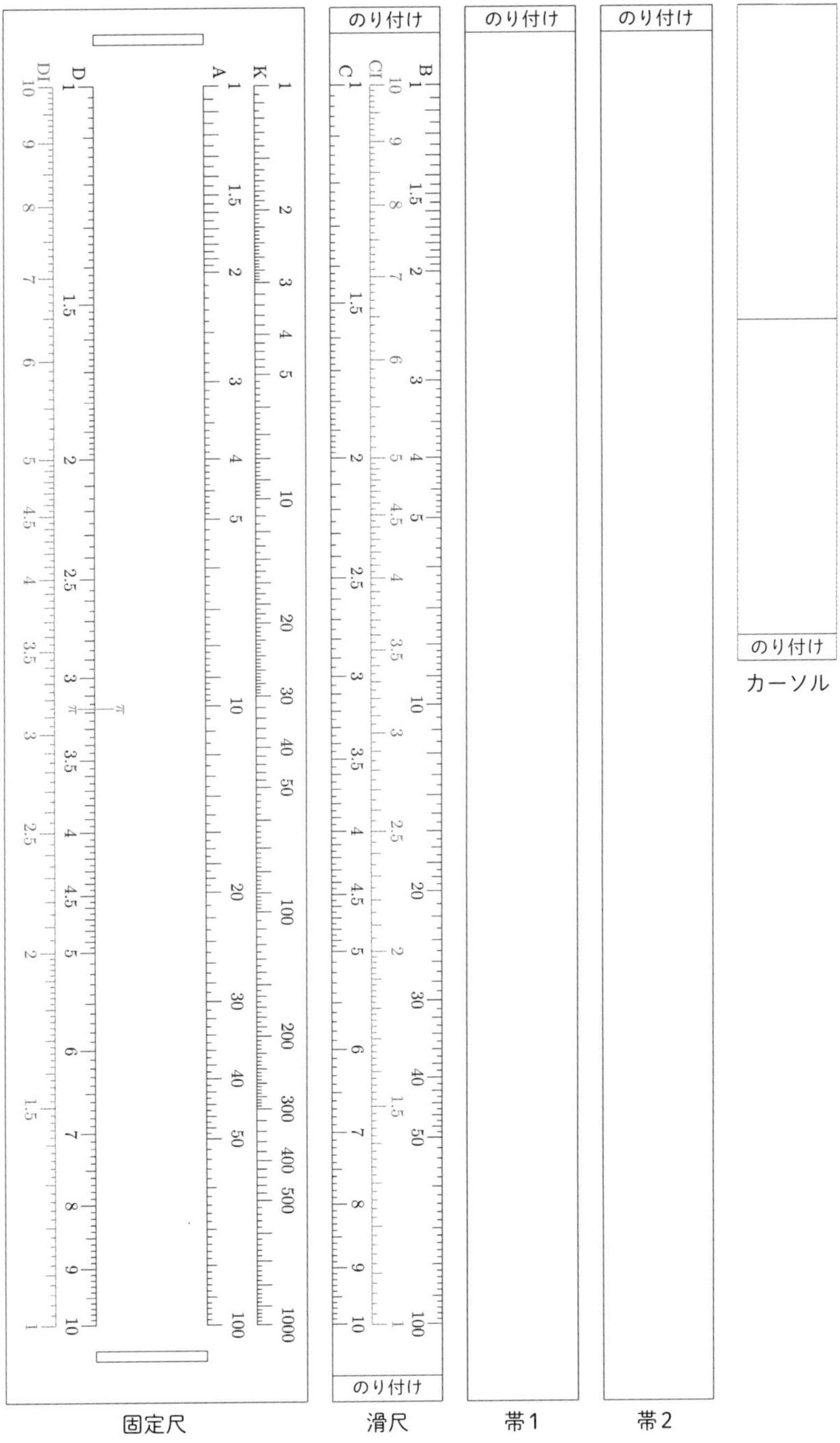

出典：「普通の計算尺をつくろう／ペーパークラフト」（国立研究開発法人産業技術総合研究所 富永大介博士）
（https://staff.aist.go.jp/tominaga-daisuke/sliderule/rectilinear/index.html）

主な内容

オドロキの確率

サメに襲われて死ぬ確率は、「407万5000分の1」

乗客300名の飛行機に、医師がいる確率は「53％」 ほか

ギャンブルの確率

ジャンボ宝くじ，1等は「1000万分の1」

ロト6で1等の確率は、「600万分の1」 ほか

まちがえやすい確率

囲碁の「ニギリ」は、奇数が有利

2人のうち1人が男。もう1人も男の確率は「3分の1」 ほか

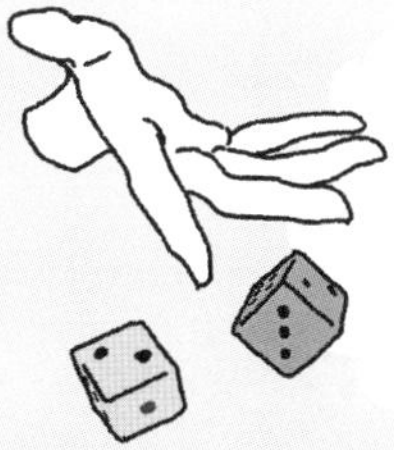

確率の計算方法をみてみよう

確率には、「数学的確率」と「統計的確率」がある

三つのサイコロの合計、出やすいのは10と11 ほか

大数の法則と期待値

コインを1000回投げると、表と裏はほぼ半分

ギャンブルは、やればやるほど損をする ほか

Staff

Editorial Management	中村真哉
Editorial Staff	井手 亮
Cover Design	田久保純子
Editorial Cooperation	ユニバーサル・パブリシング株式会社（清末浩平）

Illustration

表紙カバー	羽田野乃花さんのイラストを元に、岡田悠梨乃が作成、羽田野乃花
表紙	羽田野乃花さんのイラストを元に、岡田悠梨乃が作成、羽田野乃花
3~7	羽田野乃花
9	岡田悠梨乃，羽田野乃花
13~19	Newton Press
21	岡田悠梨乃
23	Newton Press
25	岡田悠梨乃
27	Newton Press，羽田野乃花
29~31	岡田悠梨乃
33~35	羽田野乃花
36	Newton Press
38-39	Newton Press，羽田野乃花
41	Newton Press
43	羽田野乃花
44-45	カサネ·治さんのイラストを元に、岡田悠梨乃が作成
47~49	羽田野乃花
51	Newton Press，羽田野乃花
52	Newton Press
55	岡田悠梨乃
57	Newton Press，羽田野乃花
58-59	Newton Press
60-61	吉原さんのイラストを元に、岡田悠梨乃が作成
62-63	岡田悠梨乃
64-65	吉原さんのイラストを元に、岡田悠梨乃が作成
67	羽田野乃花
69~71	Newton Press，羽田野乃花
72-73	Newton Press
74~84	羽田野乃花
85	Newton Press
86	羽田野乃花
87	Newton Press
88~106	羽田野乃花
109~115	Newton Press，羽田野乃花
117~125	羽田野乃花
127~129	岡田悠梨乃
134~136	羽田野乃花
139	Newton Press
143	Newton Press，羽田野乃花
145~151	羽田野乃花
152~154	岡田悠梨乃
157	© 富永大介（国立研究開発法人産業技術総合研究所）

監修（敬称略）：
今野紀雄（横浜国立大学大学院工学研究院教授）

本書は主に、Newton 別冊『こんなに便利な 指数・対数・ベクトル』と Newton 2022年6月号の特集記事「ゼロからよくわかる数学教養教室 指数・対数編」を再編集し、大幅に加筆したものです。

初出記事へのご協力者（敬称略）：
上野健爾（四日市大学関孝和数学研究所所長，京都大学名誉教授）
木村俊一（広島大学大学院理学研究科教授）
小山信也（東洋大学理工学部教授）

ニュートン式
超図解 最強に面白い!! プレミアム
対 数

2023年2月15日発行

発行人　高森康雄
編集人　中村真哉
発行所　株式会社 ニュートンプレス　〒112-0012 東京都文京区大塚3-11-6
https://www.newtonpress.co.jp/

ISBN978-4-315-52663-9